Ana Nill

Evaluación de la calidad microbiológica del agua

Ana Nill

Evaluación de la calidad microbiológica del agua

en la Pedanía Chancaní, Departamento Pocho, Córdoba, Argentina

Editorial Académica Española

Imprint

Any brand names and product names mentioned in this book are subject to trademark, brand or patent protection and are trademarks or registered trademarks of their respective holders. The use of brand names, product names, common names, trade names, product descriptions etc. even without a particular marking in this work is in no way to be construed to mean that such names may be regarded as unrestricted in respect of trademark and brand protection legislation and could thus be used by anyone.

Cover image: www.ingimage.com

Publisher:
Editorial Académica Española
is a trademark of
International Book Market Service Ltd., member of OmniScriptum Publishing Group
17 Meldrum Street, Beau Bassin 71504, Mauritius
Printed at: see last page
ISBN: 978-620-2-80941-2

Agradecimientos:

A mi hijo Ciro, que es mi mayor orgullo y mi gran motivación, hace que mis días sean maravillosos, me da fuerzas para superarme cada día, su afecto y su cariño son los detonantes de mi felicidad y de mi esfuerzo. Me enseña cada día a ser más paciente y perseverante. Me demuestra con sus hermosos abrazos y besos lo que es el amor puro. Es la luz de mis ojos y mis días.

A mi marido Cristian, quien ilumina mi vida, agradezco su sacrificio y esfuerzo para que yo pudiera seguir estudiando, por ayudarme a crecer y pensar en mi futuro y por creer en mi capacidad. Aunque hemos pasado por muchos cambios siempre ha estado a mi lado, brindándome su comprensión, apoyo, cariño y amor. Ha sido un soporte muy fuerte en momentos difíciles en mi vida.

A mi mamá, gracias a ella hoy soy quien soy, por ser el pilar más importante en mi vida. A través del amor y buenos valores me ayudó a trazar mi camino. Gracias por ser mi cómplice, mi confidente, mi amiga, por ayudarme a crecer y por amarme, por hacer de mí una mejor persona y por acompañarme en todos mis sueños y metas. Gracias por darme la vida y confiar en mí.

A mi papá, y a mis padres políticos Claudio y Gabriela, por inculcar en mí el esfuerzo y valentía, de no temer a las adversidades porque Dios está conmigo siempre, gracias por todas sus oraciones cuando lo necesitaba o tenía que rendir, por sus consejos y palabras de aliento.

A mis hermanos Julian, Cristian, Mariano y Belén, por apoyarme, y de una u otra manera ser mi motivo para seguir adelante. Siempre sabiendo que están presentes para poder sentirme acompañada. Porque mis hermanos y mi hermana pequeña, son el mejor regalo que me han dado mis padres.

A mis tíos Silvina, Omar y a Lisandro por compartir momentos significativos conmigo, por siempre estar dispuestos a escucharme y ayudarme en cualquier momento.

A todas mis amigas, Georgina, Natalia, Karina, Antonela, Denis y Ayelen, por siempre estar y apoyarme cuando más las necesito, por extender sus manos en momentos difíciles y por el amor brindado cada día, por ser mis hermanas del corazón.

A mis abuelos, los que tengo a mi lado y a los que ya no están, que con su sabiduría me han enseñado el camino de la vida, gracias por sus consejos, por el amor que me han dado y por su apoyo incondicional.

A mis padres de alma Carlos y Claudia, por ser siempre buenos y atentos conmigo, por quererme como a una hija y darme mucho amor.

Quiero expresar mi más grande y sincero agradecimiento a la Doctora Mirta Lasagno, profesora y directora de tesis, quien con su dirección, conocimiento, enseñanza, paciencia y, colaboración permitió el desarrollo de este trabajo. Por haberme brindado apoyo para desarrollarme y seguir cultivando mis valores.

Por último gracias a la Universidad Nacional de Río Cuarto, a la Facultad de Exactas por abrirme las puertas y permitirme realizar todo mi proceso de formación personal y científica. A todos mis profesores por enriquecerme en conocimiento y ser pilares fundamental para mi aprendizaje. En especial a Laura Ramirez e Ivana Cardetti, del proyecto potenciar la graduación por darme la oportunidad de poder finalizar mi carrera.

Nill Ana Paula

RESUMEN:

La pedanía Chancaní, Departamento de Pocho, Córdoba, perteneciente al Chaco árido se caracteriza por la pobreza de sus aguas. Las escasas precipitaciones, la excesiva evapotranspiración y la permeabilidad de los suelos hacen necesario un cuidado especial de este recurso vital para la supervivencia de las poblaciones locales. En la zona rural la obtención de agua para las viviendas se realiza mediante la extracción en pozos balde, fuente de agua subterránea, o el almacenamiento en aljibes, extracción de agua de lluvia. La insuficiente red hídrica en la localidad de Chancaní, y las fuentes de aprovisionamiento de agua empleadas en los parajes permiten hipotetizar que el agua usada para consumo humano no es segura. El objetivo propuesto en este trabajo fue determinar la calidad microbiológica del agua, con el fin de aportar conocimientos y recomendaciones para lograr la inocuidad de la misma, que es utilizada para consumo de los campesinos de la región.
Para ello se estableció la aptitud microbiológica, según las especificaciones establecidas por la normativa del Código Alimentario Argentino. Como resultado del estudio realizado se encontró que el 80% (16 de 20) de las muestras de agua analizadas, no son aptas para consumo humano al no cumplir con al menos uno de los parámetros establecidos en el Código.
Este estudio contribuye a la difusión de la problemática que afecta al campesinado de la zona de Chancaní y constituye una herramienta para concientizar a los productores de la región sobre la importancia de establecer acciones correctivas para mejorar la calidad del agua. Por lo tanto se les recomienda clorar o hervir el agua para asegurar la inocuidad de la misma.

ÍNDICE:

ÍNDICE DE FIGURAS

ÍNDICE DE TABLAS

1 INTRODUCCIÓN

1.1 AGUA

El agua es un recurso natural fundamental para satisfacer las necesidades humanas básicas, la salud, la producción de alimentos, el desarrollo industrial, la energía y el mantenimiento de los ecosistemas regionales y mundiales (Córdoba M. y col., 2010).

Es el elemento indispensable para el desarrollo de la vida, el cual integra los diferentes ecosistemas, permitiendo el equilibrio del entorno y los seres que lo conforman, es por ello que es considerada como un elemento de primera necesidad. Ningún ser vivo sobre la tierra puede sobrevivir sin agua, resulta indispensable para la salud y el bienestar humano así como para la preservación del medio ambiente. A lo largo de los años, el ciclo del agua se ha visto afectado por los cambios que han surgido en el planeta debido a las actividades antropológicas, causando así el deterioro de su calidad y cantidad (González González M., 2013; Gallo Salazar S. y Jiménez Chamba, M., 2019).

Tanto la escasez como la baja calidad del agua y un saneamiento deficiente afectan negativamente la seguridad de los alimentos. El agua y la salud son inseparables y la calidad de este recurso está estrechamente ligada a la calidad de vida humana y de los animales (González González M., 2013).

1.2 AGUA ALREDEDOR DEL MUNDO

Alrededor del 97% del agua del planeta se encuentra en los océanos; el 3% restante está solidificada en los casquetes polares o se encuentra tan profundamente confinada, que su extracción resulta antieconómica. El resto se distribuye en ríos, lagos, riachuelos y subsuelo. Considerando que sólo hay dos fuentes de agua utilizables por el hombre, a saber: las superficiales y las subterráneas y que éstas sólo constituyen el 0,4% del total disponible de agua dulce, es fácil deducir que es un recurso escaso. Pero más escaso resulta si se piensa en términos cualitativos, ya que los procesos de contaminación de las mismas reducen aún más su disponibilidad (Córdoba, M. y col., 2010).

Al respecto, y de acuerdo con las estadísticas de la Organización Mundial de la Salud (OMS) del año 2017 en todo el mundo, alrededor de 3 de cada 10 personas, carecen de acceso a agua potable. Entre los millones de personas sin servicios gestionados de forma segura, 423 millones de personas se abastecen de agua procedente de pozos y manantiales no protegidos y 159 millones de personas recogen agua superficial no tratada en lagos, estanques, ríos o arroyos (OMS, 2018).

Existen grandes desigualdades en el servicio entre las zonas urbanas y rurales. De los millones de personas que utilizan aguas superficiales no tratadas, 150 millones viven en zonas rurales. La conclusión fundamental es que todavía hay muchas personas que no tienen acceso al agua potable, sobre todo en las zonas rurales (OMS, 2017).

Se calcula que la contaminación del agua potable provoca más de 502.000 muertes al año a causa de enfermedades diarreicas debidas al acceso insuficiente a agua salubre, saneamiento e higiene. De los cuales 361.000 corresponde a niños menores de cinco años. Además, las enfermedades diarreicas acarrean otros problemas. En promedio, hasta una décima parte del tiempo productivo de cada persona se ve sacrificado a raíz de las enfermedades relacionadas con el agua (Córdoba M. y col., 2010; OMS, 2017; OMS, 2018).

Si bien en el mundo hay suficiente agua dulce, la dificultad radica en la desigual distribución en el tiempo y en el espacio ya que en muchos países se está empleando con niveles insostenibles. La distribución de agua potable y servicios de saneamiento sigue un modelo de desigualdad característico de las regiones con agudas disparidades socioeconómicas (Revelli G. y col., 2009; Ramírez L., 2013).

1.3 AGUA EN ARGENTINA

Según la fuente de datos estadísticos del censo del año 2010, disponible en la base de datos del sitio oficial del Instituto Nacional de Estadística y Censos, en Argentina el 83% de la población tenía acceso a agua por red pública, esto representa unos 32,8 millones de personas. Un 16% de la población no cuenta con red de acceso a agua potable (Ramírez L., 2013; Martínez G. y col., 2014).

Las regiones húmedas ocupan 24% de la superficie del país, pero concentran alrededor de 70% del total de sus habitantes, mientras que las zonas áridas representan 61% del área nacional, pero sólo contienen 6% de sus habitantes. La Argentina presenta una amplia distribución de acuíferos de características diversas a lo largo y ancho de su geografía, lo que permite la provisión de agua para consumo humano, sobre todo en gran parte de las localidades del interior del país, sin embargo, presenta considerable grado de deterioro como consecuencia de la inadecuada explotación del mismo y del vertido e infiltración de sustancias contaminantes. (IANAS, 2015).

En nuestro país, muchas zonas rurales no tienen agua potable y sus cuencas generalmente no están protegidas como en las grandes ciudades. Además, estas zonas no tienen tan fácil acceso para el monitoreo de la calidad microbiológica del agua (Maggiore M. y col., 2017).

1.4 AGUA POTABLE

El agua es un elemento vital para los seres vivos, por consiguiente el acceso al agua potable es esencial para la vida, sin embargo, debido al crecimiento de la población, el incremento de la industrialización, la escasez de fuentes de agua para consumo, libres de contaminantes, es decir, inocuas, constituye un problema (Tarqui-Mamani C. y col., 2016).

El agua potable, definida como "adecuada para el consumo humano y para todo uso doméstico habitual, incluida la higiene personal", es libre de microorganismos causantes de enfermedades. Las posibles consecuencias de la contaminación microbiana para la salud son tales que su control debe ser objetivo primordial y nunca debe comprometerse (Ríos-Tobón S. y col., 2017).

1.4.1 Aptitud Microbiológica del agua para consumo humano

El marco respecto al cual se puede considerar que una muestra de agua es adecuada o "segura" es una norma de calidad del agua de beber. La cual es la referencia que garantizará que el agua no sea perjudicial para la salud humana (Pullés R., 2013).

1.4.1.1 Normativa del Código Alimentario Argentino

Según el Artículo 982 - (Resolución Conjunta SPRyRS y SAGPyA N° 68/2007 y N° 196/2007) en el capítulo XII, del CAA, con las denominaciones de agua potable de suministro público y agua potable de uso domiciliario, se entiende la que es apta para la alimentación y uso doméstico: no deberá contener substancias o cuerpos extraños de origen biológico, orgánico, inorgánico o radiactivo en tenores tales que la hagan peligrosa para la salud. Deberá presentar sabor agradable y ser prácticamente incolora, inodora, límpida y transparente.

Las Características Microbiológicas del agua requeridas por el CAA son:

Bacterias coliformes: NMP: igual o menor de 3/100 ml.
Escherichia coli: ausencia en 100 ml.
Pseudomonas aeruginosa: ausencia en 100 ml.

En la evaluación de la potabilidad del agua ubicada en reservorios de almacenamiento domiciliario, deberá incluirse entre los parámetros microbiológicos a controlar, el Recuento de bacterias mesófilas totales. En el caso de que el recuento de bacterias mesófilas supere las 500 UFC/ml y se cumplan el resto de los parámetros indicados, sólo se deberá exigir la higienización del reservorio y un nuevo recuento.

1.5 ABASTECIMIENTO DE AGUA EN LAS ZONAS RURALES

En las áreas rurales existe una clara demanda de agua para múltiples usos (riego, ganadería, procesamiento de productos agropecuarios o microempresas, etc.). La situación que se vive en las localidades rurales es muy diferente a lo que ocurre en las grandes urbes, donde, por lo general, se dispone de agua potabilizada y red hídrica (Gil Antonio M.A. y col., 2014).

Los hogares de áreas rurales que no cuentan con sistemas adecuados de abastecimiento o tratamiento de las aguas, recurren a alternativas que pueden llevar a incurrir en esfuerzos económicos, estas alternativas son la construcción de cisternas o pozos. Sin embargo la mayoría de estas soluciones representan altos costos para los usuarios y no garantizan la calidad del agua (Delgado García, S. y col., 2017).

1.5.1 Fuentes de reservas y abastecimiento de agua

1.5.1.1 Cisternas

Es un reservorio de agua construido con bloques de cemento y concreto, el cual se reviste de cemento y se utiliza para almacenar aguas de escorrentía o aguas de lluvia de los techos de las casas. Hay casos que las cisternas son abastecidas con agua de acueductos comunitarios. Las cisternas o aljibes pueden estar construidas parcial o totalmente subterráneas (FAO, 2015).

Se considera que la captación de agua de lluvia es una opción viable para el abastecimiento de agua potable de viviendas rurales y comunidades aisladas (Gil Antonio M. y col., 2014).

1.5.1.2 Pozos

Entre las fuentes primarias que suministran agua para consumo humano se encuentran los acuíferos, los cuales son formaciones geológicas que consta de un material permeable capaz de almacenar agua y actúan como depósito y reserva. La mayoría conforman grandes extensiones que se recargan por aporte de aguas pluviales, corrientes superficiales y lagos que se infiltran en el suelo. Dentro de los acuíferos, el agua escurre por gravedad, la explotación se efectúa mediante el bombeo en pozos. La principal fuente de agua en los parajes del área rural, es la subterránea, esta proviene de perforaciones. (Gallego L. y col, 2012; Badino O. y col., 2016; Tello Martínez J. y col., 2019).

Si el pozo se deteriora puede generar problemas de salud que afecten a la mayoría de la población. La contaminación es mayor en los pozos de escasa profundidad que en los profundos; sin embargo, éstos pueden verse seriamente afectados debido a la presencia de fracturas verticales que proveen patrones de flujo de migración rápida; o bien, a la carencia de sellos de protección en los pozos de inyección (Pacheco Ávila J. y col., 2004).

1.5.2 Tipos de fuentes de agua

Se consideran tres tipos principales de fuente de agua: aguas de lluvia, aguas superficiales y aguas subterráneas (Agüero Pittman R., 1997).

1.5.2.1 <u>Agua de lluvia</u> La captación de agua de lluvia se emplea en aquellos casos en los que no es posible obtener aguas superficiales y subterráneas de buena calidad y cuando el régimen de lluvias sea importante. El lugar de almacenamiento es en cisterna o aljibe.

1.5.2.2 <u>Agua superficial</u> Las aguas superficiales están constituidas por los arroyos, ríos, lagos, etc. que discurren naturalmente en la superficie terrestre.

1.5.2.3 <u>Agua subterránea</u> Parte de la precipitación en la cuenca se infiltra en el suelo hasta la zona de saturación, formando así las aguas subterráneas. La infraestructura para extraer esta fuente de agua son los pozos.

1.6 CONTAMINACIÓN DEL AGUA

La contaminación hídrica puede definirse como el resultado de la adición de cualquier tipo de sustancia o forma biológica que lleva a alterar su calidad a tal punto que restringe e impide su utilización. Las consecuencias de la contaminación se manifiesta de dos formas:

pérdida de la calidad intrínseca o natural y disminución o agotamiento de los recursos, provocando así un déficit de caudales disponibles (Córdoba M. y col., 2010).

La contaminación del agua tiene dos orígenes de importancia muy desigual: natural y antropológico. La primera es básicamente puntual y episódica mientras que la segunda es la contaminación de origen agrícola, industrial o urbano que es más persistentes en el tiempo, más intensa en sus manifestaciones y, en muchos casos, peligrosa para los organismos vivos (Guillén V. y col., 2012).

1.6.1   Fuentes de contaminación del agua

La protección de la salud exige que las fuentes de suministro de agua estén situadas lo más lejos posible de las fuentes de contaminación, para eliminar o reducir al mínimo, el riesgo que éstas representan (Córdoba M. y col., 2010).

1.6.1.1 Contaminación del agua subterránea

En la mayoría de las fuentes de suministro de agua, ya sea municipales o rurales, el uso del suelo en los alrededores es principalmente habitacional, agrícola y pecuario, por lo que el uso no controlado de agroquímicos, una disposición inadecuada de los desechos, prácticas de saneamiento en el lugar, entre otras, son las principales fuentes de contaminación del agua subterránea. Por otro lado, las deficiencias en la construcción y manejo de las perforaciones, las fuentes de contaminación cercanas a los pozos (corrales y lagunas) y el desconocimiento de los productores sobre el manejo del agua y los efluentes, son causa de contaminación (Pacheco Ávila J. y col., 2004; Gil A. y col., 2014; y Badino O. y col., 2016).

En los últimos 10 años, los agricultores han incorporado en sus prácticas agrícolas el uso de aguas recicladas, debido a que los recursos hídricos naturales paulatinamente se están reduciendo, este tipo de agua constituye un riesgo al traer microorganismos patógenos que pueden llegar a los cultivos. Parte de esta agua proviene de lagunas de oxidación, donde se han realizado tratamientos primarios para reducir la carga orgánica. No se garantiza la calidad microbiológica debido a la carga biológica tan elevada que ingresa a las lagunas de modo que, si bien se logra reducir la concentración de bacterias, no es apta para riego (Rojas-Higuera, N. y col., 2010).

En el proceso de abastecimiento del agua, pueden surgir causas que predisponen el ingreso y multiplicación de microorganismos a partir de distintas fuentes como: rotura de las tuberías, y de cámaras de bombeo, construcción defectuosa de pozos e irregular mantenimiento de estas instalaciones y presencia de sedimentos en el fondo de las tuberías que favorecen la colonización de microorganismos (Pullés R., 2013).

En resumen las fuentes de contaminación de los pozos :

- Fuente de contaminación cercana:
    - Uso de agroquímicos alrededor de las fuentes de agua potable.
    - Disposición inadecuada de los desechos domésticos y desechos de granja a los alrededores de las fuentes de agua potable.
    - Prácticas de saneamiento en el lugar.

  o El uso de aguas no tratadas.
  o Corrales y lagunas cercanas a los pozos.
- Deficiencias en la construcción y manejo de las perforaciones.
- Desconocimiento sobre el manejo del agua y los efluentes.
- Rotura de tuberías, cámaras de bombeo, surtidores.
- Irregular mantenimiento de las instalaciones.
- Presencia de sedimentos en el fondo de las tuberías que favorecen la colonización de microorganismos.
- Pozos ciegos y entubados.
- Las infiltraciones de tanques sépticos.

1.6.1.2 Contaminación de aguas superficiales

La contaminación fecal de las fuentes de aguas superficiales para abastecimiento de consumo humano es uno de los problemas más preocupantes en los países en vías de desarrollo. En las grandes ciudades esta contaminación se debe principalmente al vertimiento de los desagües sin ningún tratamiento. También se ha observado que la contaminación fecal es intensa en las zonas de arrastre provenientes de los corrales de engorde de bovinos y de las avícolas. Además del vertido de aguas residuales sin tratar, también aportan contaminantes los lixiviados de rellenos sanitarios, los efluentes de aguas residuales con tratamiento deficiente, etc. Asimismo, la escorrentía pluvial y las inundaciones ocasionan el deterioro de la calidad del agua de los recursos hídricos. En las zonas rurales la contaminación fecal se origina por la defecación a campo abierto y por la presencia de animales domésticos y silvestres que actúan como reservorios de agentes patógenos (Aurazo M., 2009).

1.6.2 Tipos de contaminantes del agua

Los contaminantes del agua pueden ser biológicos y/o químicos.

Todos los seres vivos necesitan agua para su supervivencia, con una adecuada calidad. Entre los contaminantes biológicos del agua se encuentran virus, bacterias, parásitos y hongos; los contaminantes químicos pueden ser minerales disueltos, productos orgánicos solubles y sólidos orgánicos e inorgánicos suspendidos (Larrea-Murrell J. y col., 2013).

1.6.2.1 Contaminantes biológicos

La contaminación microbiológica es responsable de más del 90% de las intoxicaciones y transmisión de enfermedades por el agua (Pullés R.M., 2013).

Dentro de las bacterias establecidas como contaminantes del agua se han aislado Gram negativas, especialmente pertenecientes a los géneros *Pseudomonas, Flavobacterium, Gallionella, Aeromonas, Achromobacter, Alcaligenes, Bordetella, Neisseria, Moraxella, Acinetobacter, Escherichia, Edwarsiella, Enterobacter, Klebsiella, Serratia, Citrobacter, Shigella* y *Salmonella*. Otro grupo no menos importante lo conforma el género *Vibrio*. Aunque las bacterias Gram positivas no son muy comunes en fuentes de agua, algunos géneros representan a este grupo: *Micrococcus, Staphylococcus, Enterococcus, Bacillus* y *Clostridium* (Ríos-Tobón S. y col., 2017).

1.6.2.2 Contaminantes Químicos

El riesgo que representan para la salud las sustancias químicas tóxicas que se encuentran en el agua de bebida es distinto del que suponen los contaminantes microbiológicos. Son pocas las sustancias químicas presentes en el agua que pueden causar cuadros agudos de enfermedad, salvo por la contaminación accidental masiva del abastecimiento. Por no tener habitualmente efectos agudos, los contaminantes químicos representan un problema diferente que los microbianos, cuyos efectos son, por lo general, agudos y generalizados (Córdoba M. y col., 2010).

El problema emergente son las enfermedades causadas por contaminantes químicos, ya sea por contaminación del agua en origen o bien debido a las características químicas del abastecimiento, por los materiales instalados en contacto con el agua de consumo, por las sustancias formadas como subproductos de reacción, por la utilización de tratamientos químicos necesarios para la potabilización del agua o por el mal mantenimiento o diseño de las instalaciones. El denominador común de estas enfermedades es que en la mayoría de los casos el efecto sobre la salud no es inmediato, sino a medio o largo plazo, dando como resultado enfermedades de tipo degenerativo en las que resulta muy difícil establecer relaciones de causalidad. Los químicos más frecuentes en el agua capaces de originar problemas de salud o enfermedades son los nitratos, trihalometanos, plaguicidas, plomo y otros metales, arsénico, acrilamida, cloruro de vinilo y epiclohidrina, floruro y boro (Vargas M., 2005).

1.7 ENFERMEDADES DE TRASMISIÓN HÍDRICA

Las enfermedades transmitidas por el agua son de distribución mundial, causantes de epidemias tanto en países desarrollados como en vías de desarrollo. Estas enfermedades tienen alto subregistro y su etiología es rara; pueden ser virales, bacterianas, micóticas, parasitarias, por protozoos o cianobacterias. Estos microorganismos pueden causar enfermedades con diferentes niveles de gravedad, desde una gastroenteritis simple hasta cuadros graves de diarrea, disentería, hepatitis o fiebre tifoidea, etc. Las enfermedades más comunes derivadas del consumo de agua contaminada son las gastrointestinales, respiratorias y de la piel (Mayorga Rayo N., 2014; Ríos-Tobón S. y col., 2017).

Se calcula que en el mundo en desarrollo, el 80% de las enfermedades se debe al consumo de agua no potable y a las malas condiciones sanitarias. Se estima que una tercera parte de las defunciones en los países en desarrollo se deben al agua contaminada y, en promedio, hasta una décima parte del tiempo productivo de cada persona se ve sacrificado a raíz de las enfermedades relacionadas con el agua (Córdoba M. y col., 2010).

La falta de servicios de saneamiento básico (conexiones a la red pública de agua y de cloaca, específicamente) se ha mencionado ampliamente como factor de riesgo para la salud. La situación de falta de cobertura de este tipo de servicios es crítica para el padecimiento de enfermedades hidrotransmisibles en distintas regiones del mundo y, en algunos casos, cuantifican los efectos de dicho déficit en términos de salud o en términos de su impacto económico (Monteverde M. y col., 2013).

Los patógenos de mayor riesgo tienen las siguientes características: son vertidos en el medio ambiente en grandes cantidades o son altamente infecciosos para los ambientes durante largos períodos. Son resistentes al tratamiento del agua (Russell D. y Perdek Walling, J., 2007).

1.7.1 Vías de exposición

Las vías de exposición a los agentes patógenos en el agua potable incluyen la ingestión, el contacto dérmico y la inhalación de aerosoles generados. La transmisión hídrica es solo una de las vías, pues estos agentes patógenos también pueden ser transmitidos a través de alimentos, de persona a persona debido a malos hábitos higiénicos, de animales al hombre, entre otras rutas (Russell D. y Perdek Walling J., 2007; Mayorga Rayo N., 2014).

1.7.2 Agua como vector

El agua no es un buen medio de cultivo, además se dan mecanismos naturales de autodepuración, entonces las posibilidades de supervivencia y multiplicación de los microorganismos son escasas, lo que explica que, por lo general, las infecciones hídricas se producen cuando la transmisión es rápida, es decir, cuando no media mucho tiempo entre el momento de la contaminación del agua y su consumo. Si la contaminación es reciente y los responsables de la misma son microorganismos patógenos, pueden producir enfermedad en la población que la utilice ya sea como agua de bebida o para la preparación de alimentos (González González M. y Chiroles Rubalcaba S., 2010; Córdoba M. y col., 2010).

1.7.3 Principales organismos patógenos en aguas contaminadas

Las bacterias, virus, parásitos y hongos causan enfermedades que varían en severidad. La determinación de microorganismos en el agua de consumo y su concentración proporcionan herramientas de control, indispensables para la toma de decisiones. En la Tabla N°1 se presentan los principales microorganismos y las enfermedades que provocan (Russell D. y Perdek Walling J., 2007; González, González M., 2010; Lisette Lapierre.A., 2013;).

Tabla N° 1: Agentes patógenos y las enfermedades asociadas.

Organismo patógeno	Enfermedades
Bacterias	
Campylobacter spp.	Campilobacteriosis
Escherichia coli 0157:H7	Síndrome urémico hemolítico
Legionella pneumophilia	Legionelosis / Fiebre de Pontiac
Leptospira interrogans	Leptospirosis
Salmonella typhi	Fiebre tifoidea
Salmonella spp.	Salmonelosis
Shigella spp.	Shigelosis
Vibrio cholerae	Cólera
Yersinia entercolítica	Yersiniosis
Aeromonas	Gastroenteritis e infecciones de heridas.
Virus	
Adenovirus	Infecciones respiratorias y gastroenteritis
Astrovirus	Gastroenteritis
Calicivirus	Rinotraqueitis felina
Enterovirus	Gastroenteritis y meningitis
Hepatitis A	Hepatitis infecciosa
Hepatitis E2	Hepatitis infecciosa
Reovirus	Gastroenteritis e infecciones respiratorias
Rotavirus	Gastroenteritis
Parvovirus	Gastroenteritis
Protozoos	
Cryptosporidium	Criptosporidiasis
Cyclospora	Trastornos intestinales
Entamoeba histolítica	Disentería amebiana
Giardia lamblia	Giardasis
Naegleria fowleri	Meningoencefalitis amebiana
Balantidium coli	Balantidiosis
Microsporidia	Diarrea
Helmintos	
Ascaris lumbricoides	Ascariasis
Fasciola hepática	Fascioliasis
Ancylostoma spp.	Larva migrante cutánea
Necator americanus	Necatoriasis
Trichuris trichiuri	Trichuriosis
Strongyloides stercoralis	Estrongiloidiasis
Taenia spp.	Teniasis
Enterobius vermicularis	Enterobiasis
Echinococcus granularus	Hidatidosis
Schistosoma spp.	Schistosomiasis
Hongos	
Penicillium	Peniciliosis
Mucor spp.	Mucor-micosis
Rhizopus spp.	Mucor-micosis

Absidia spp.	Mucor-micosis
Rhinosporidium seeberii	Rinosporidiosis nasal
Aspergillus spp.	Aspergilosis
Acremonium spp.	Acremonio
Fusarium spp.	Onicomicosis/ queratitis

1.7.3.1 Bacterias

Uno de los factores que permiten la transmisión hídrica es el alto número de bacterias que elimina un individuo enfermo. En el caso de *Escherichia coli y Campylobacter*, eliminan aproximadamente $1x10^8$ cél/g de heces; y en el caso de *Salmonella* spp. y *Vibrio cholerae* eliminan cerca de $1x10^6$ cel/g. Otro factor importante es el tiempo de supervivencia en agua: *Escherichia coli y Salmonella* spp. viven aproximadamente 90 días, *Shigella* spp. y *Vibrio cholerae* se mantienen por 30 días; y *Campylobacter* spp., por 7 días. Con respecto a la dosis infectiva, factor que debe tenerse en cuenta cuando se trata de interpretar el significado de la presencia de bacterias en el agua, *E. coli* está entre $1x10^2$ cel/g y $1x10^9$ cel/g; *Salmonella* spp. en $1x10^7$ cel/gr; y *Vibrio cholerae,* en $1x10^3$ cel/g (Aurazo M., 2009).

La mayoría tiene un tiempo de persistencia en el agua que va de corto a moderado, baja resistencia al cloro y una dosis infectiva alta. Se ha demostrado que en algunas bacterias como *Salmonella* spp., el reservorio animal cumple un papel importante. También se sabe que la mayoría de bacterias patógenas no se multiplican en el ambiente, pero algunas como *Vibrio cholerae,* pueden multiplicarse en aguas naturales (Méndez Novelo R. y col., 2015).

1.7.3.1.1 *Shigella* spp.

El género *Shigella* forma parte de la familia *Enterobacteriaceae*. La Shigelosis o disentería bacilar es un serio problema de salud pública mundial. Las especies más comunes en países en vías de desarrollo son *S. flexneri* y *S. dysenteriae*. Clínicamente la Shigelosis se caracteriza por una diarrea acuosa que puede progresar a deposiciones mucoides y sanguinolentas debido a la invasión y replicación de *Shigella* en las células epiteliales del colon, causando una intensa reacción inflamatoria caracterizada por formación de abscesos y ulceración. La vía de infección predominante es fecal-oral por contacto de persona a persona, con una dosis infectante tan baja como 10 a 100 bacterias viables. Existen otras vías de diseminación como la ingesta de agua y alimentos contaminados (Barrantes K. y col., 2001).

1.7.3.1.2 *Salmonella* spp.

El género *Salmonella* pertenece a la familia *Enterobacteriaceae*, son bacilos Gram negativos, no formadores de esporas, anaerobios facultativos, provistos de flagelos y móviles.

1.7.3.1.2.1 *Salmonella typhi*

La fiebre tifoidea es una enfermedad febril aguda de origen entérico producida por *Salmonella typhi*. En raras ocasiones por *S. paratyphi A, S paratyphi B* y *S. paratyphi C* pueden producir un cuadro clínico similar, aunque de menor gravedad. Estas salmonellas sólo afectan al ser humano. La mortalidad con un tratamiento adecuado es casi nula y las complicaciones más graves suelen ser la perforación y la hemorragia intestinal.

Los seres humanos son los únicos huéspedes de este tipo de salmonellas, por ello la fuente de nuevas infecciones son los enfermos, los enfermos convalecientes y los portadores sanos crónicos (2% de las personas que han pasado la enfermedad). La vía de transmisión es la fecal-oral, a través de aguas contaminadas no higienizadas, alimentos manipulados por portadores, ingestión de crustáceos contaminados o vegetales regados con aguas contaminadas. Una vez que la persona ingiere salmonellas el desarrollo de la enfermedad va a depender fundamentalmente de la cantidad de microorganismos ingeridos, de su virulencia y de factores dependientes del huésped. El periodo de incubación suele ser variable, entre 2 y 3 semanas, el comienzo insidioso y los síntomas predominantes son fiebre de intensidad variable, cefalea, diarrea, estreñimiento, tos, náuseas y vómitos, anorexia, dolor abdominal y escalofríos (Jurado J. y col., 2010).

1.7.3.1.3 *Vibrio cholera*

Vibrio cholerae es el agente causal del cólera, una enfermedad infecciosa potencialmente epidémica caracterizada por la presencia de diarreas frecuentes de comienzo repentino, acuosas e indoloras. Cursa además con vómitos, deshidratación rápida, con gran pérdida de sales y agua, acidosis y colapso respiratorio. Es un habitante autóctono de los ecosistemas acuáticos, los que a su vez actúan como reservorios y vehículos de transmisión de este patógeno. La infección por *V. cholerae* es adquirida por la ingestión de agua o alimentos contaminados (González Fraga S. y col., 2009; Pérez Ortiz L. y Madrigal Lomba R., 2010).

1.7.3.1.4 *Escherichia coli*

Escherichia coli es un bacilo Gram negativo, anaerobio facultativo de la familia *Enterobacteriaceae*. Esta bacteria coloniza el intestino del hombre pocas horas después del nacimiento y se le considera un microorganismo de flora normal, pero hay cepas que pueden ser patógenas y causar daño produciendo diferentes cuadros clínicos, entre ellos diarrea. Con base en su mecanismo de patogenicidad y cuadro clínico, las cepas de *E. coli* causantes de diarrea se clasifican en seis grupos: enterotoxigénica (ETEC), enteroagregativa (EAEC), enteroinvasiva (EIEC), enterohemorrágica también conocidas como productoras de toxina Vero o toxina semejante a Shiga (EHEC o VTEC o STEC), enteropatógena (EPEC), y de adherencia difusa (DAEC) (Rodríguez A., 2002).

1.7.3.1.4.1 *Escherichia coli* enterotoxigénica (ETEC)

Genera la diarrea de viaje o diarrea acuosa tanto en niños como en adultos, su transmisión está relacionada con alimentos no cocinados y contaminados. Las ETEC son importantes en lactantes, principalmente en niños menores de dos años y, en particular, durante los primeros seis meses de vida. En los niños en edad escolar y en adultos puede ser asintomática y poco frecuente o producir la diarrea del viajero. La enfermedad tiene un periodo de incubación de 14 a 50 h. El cuadro clínico se caracteriza por diarrea aguda, generalmente sin sangre, sin moco, sin pus y en pocos casos se presentan fiebre y vómito. La diarrea producida por ETEC puede ser leve, breve y autolimitada pero también puede ser grave. La contaminación fecal de agua y alimentos es la principal fuente de infección, siendo la dosis infectiva de 10^8 UFC/ml (Rodríguez A., 2002; Chávez B. y col., 2007).

1.7.3.1.4.2 *Escherichia coli* enteroagregativa (EAEC)

Produce diarreas persistentes, más de 14 días, en niños. Puede ocasionar también diarrea aguda. Asociado con una serie de brotes nosocomiales y comunitarios en todo el mundo. En los países en desarrollo con problemas endémicos de infección, las fuentes de infección de cepas EAEC pueden estar asociadas con alimentos y agua. En cuanto al cuadro clínico la infección con cepas EAEC se asocia con diarrea acuosa, mucosa y secretora, fiebre leve o ausencia de fiebre y, en ocasiones, vómitos. Las heces con sangre están presentes en aproximadamente un tercio de los pacientes infectados por EAEC (Villaseca J. y col., 2005).

1.7.3.1.4.3 *Escherichia coli* enteroinvasiva (EIEC)

Los síntomas característicos en personas infectadas son diarrea acuosa, con sangre y moco, pero algunos casos sólo presentan diarrea, ésta en ocasiones es indiferenciable de la que produce ETEC. Las cepas EIEC se asocian más con brotes que con casos aislados, en los cuales la transmisión puede ser de persona a persona, por ingestión de alimentos y por agua contaminada, convirtiéndose en un patógeno importante en niños mayores de seis meses (Rodríguez A., 2002).

1.7.3.1.4.4 *Escherichia coli* enterohemorrágica (EHEC o VTEC o STEC)

Escherichia coli 0157, es una cepa del grupo *E. coli* enterohemorrágico, se reconoce como un organismo cuya presencia en cualquier material alimentario puede provocar un brote de enfermedad grave. El microorganismo está particularmente asociado con el desarrollo del síndrome urémico hemolítico (SUH). Este es un síndrome clínico que se caracteriza por la tríada diagnóstica de: anemia hemolítica microangiopática, trombocitopenia e insuficiencia renal aguda. Puede seguir o no a un episodio de diarrea con sangre o sin ella, principalmente en lactantes y niños en la primera infancia, pero puede afectar también a ancianos. Los niños afectados son fundamentalmente menores de 5 años, de ambos sexos. Es una enfermedad endémica con un aumento estacional de casos en primavera y verano (Rivero M. y col., 2004; Enabulele S. y Nduka U., 2009; Chamorro Noceda L., 2009).

Las manifestaciones más comunes son: palidez, petequias, hematomas, oliguria, si fuera tratado con exceso de líquidos, puede presentar un cuadro de sobrecarga hídrica acompañado de edema, aumento de peso, hipertensión y congestión pulmonar, las manifestaciones neurológicas incluyen convulsiones, ataxia, letargia y coma. En la infancia típicamente es precedido por un cuadro de dolor abdominal y diarrea acuosa y/o sanguinolenta. Pueden asociarse vómitos y fiebre. El SUH es la principal causa de insuficiencia renal aguda y la segunda causa de insuficiencia renal crónica y de trasplante renal en niños en la Argentina. El SUH en América del Sur es endémico y epidémico con una tasa de incidencia significativamente mayor. La vía de transmisión más importante es la ingesta de alimentos contaminados, principalmente elaborados a base de carne picada. Otras formas de transmisión incluyen agua contaminada por heces bovinas, verduras regadas con aguas contaminadas, contacto directo del hombre con los animales y transmisión persona a persona por la ruta fecal-oral (Rivero M. y col., 2004; Ibarra C. y col., 2008; Enabulele S. y Nduka U., 2009; Chamorro Noceda L., 2009).

1.7.3.1.4.5 *Escherichia coli* enteropatógena (EPEC)

Afecta principalmente a niños menores de seis meses y a los de dos años. Puede ocasionar brotes o casos aislados de diarrea. Este grupo También puede aislarse en adultos enfermos y sanos, principalmente cuando hay un factor predisponente como diabetes. La forma de transmisión de la enfermedad es fecal-oral por manos contaminadas de manipuladores de alimentos. Los reservorios pueden ser niños y adultos con o sin síntomas y el cuadro clínico que produce se manifiesta con diarrea aguda, la cual puede ser leve o grave, con vómito, fiebre baja y mala absorción (Rodríguez A., 2002).

1.7.3.1.5 *Campylobacter*

Campylobacter spp., es una bacteria Gram negativa, termotolerante, causante de una de las enfermedades transmitidas por los alimentos más prevalente en el mundo, la Campilobacteriosis. Esta bacteria está presente en el tracto gastrointestinal de animales silvestres y domésticos. Se encuentra como comensal sin manifestar síntomas en el hospedador y es excretado de manera continua en heces. Sus principales reservorios lo constituyen los animales de abasto, roedores, animales de compañía, agua, tierra, productos marinos y productos vegetales en contacto con la materia fecal. Varias especies de *Campylobacter* se han reconocido como patógenos para el ser humano y su transmisión se realiza vía oral-fecal, a través del consumo de alimentos o agua contaminada, o bien por contacto directo con los animales reservorio. Más del 90% de las infecciones por este género corresponden a *Campylobacter jejuni* y entre 5 a 10% a *Campylobacter coli*. Afecta al hombre, causando diarrea y otras enfermedades como septicemia, meningitis o complicaciones, como artritis reactivas y el Síndrome de Guillian-Barré. Los síntomas generalmente se presentan después de un período de incubación de 1 a 7 días y la severidad varía desde diarrea acuosa a sanguinolenta, con fiebre y calambres abdominales. La infección es autolimitante, pero puede presentar secuelas de importancia, como las anteriormente mencionadas. La dosis infectiva en el humano es baja y las secuelas de la infección son potencialmente serias (Lisette L., 2013; Lucas J., 2013).

1.7.3.2 Virus

Los virus entéricos, que se encuentran en el aparato digestivo de individuos infectados, se excretan en las heces de las personas infectadas y, directa o indirectamente, contaminan el agua destinada al consumo (Russell D. y ,Perdek Walling J., 2007).

Entre las familias de Enterovirus que se han detectado en el agua están *Picornavirus*, *Reovirus*, *Adenovirus* y *Papovavirus*. En aguas superficiales sin tratar se ha detectado la presencia del grupo *Picornavirus*, que incluye al virus de la hepatitis A, el cual debido a sus características estructurales, es un virus muy estable y resistente a los agentes físicos y químicos, lo que explica su gran facilidad para transmitirse a través del agua y de alimentos en condiciones adversas para el virus. Puede sobrevivir durante días o meses y por períodos más largos en agua dulce, agua salada, suelo y sedimentos marinos, así como en heces desecadas. El virus penetra por vía oral, sospechando un posible proceso replicativo en orofaringe, e incluso en la mucosa del intestino delgado. A partir de dicha mucosa se produce una fase de viremia, y por la circulación portal es transportado al hígado donde se replica. Posteriormente se elimina del hígado y se excreta por las heces. La transmisión se realiza por vía fecal-oral, ya que al mantenerse poco tiempo la viremia, la transmisión sanguínea es mínima. Por ello, el contagio se hace fundamentalmente por agua o productos alimenticios contaminados (epidémicos), o por contacto persona a persona, preferentemente en niños (esporádico). Es una enfermedad de distribución mundial, aunque con diferentes grados de endemicidad, en la que influyen mucho las condiciones higiénico sanitarias, así como el nivel económico y cultural. La población susceptible son los individuos no inmunizados (Fernández Molina M. y col., 2001).

La presencia de *Rotavirus* en agua de abastecimiento tiene una alta relevancia para la salud pública y, en especial, para los niños que pueden verse afectados por severos cuadros de diarrea. En aguas superficiales también se han detectado *Adenovirus*, que causan infecciones en la conjuntiva e infecciones respiratorias e intestinales; Norwalk virus, que causan infecciones en el yeyuno; y otros virus como los *Reovirus*, los *Parvovirus* y los *Papovavirus*. En general, los virus entéricos son capaces de producir una variedad de síndromes que incluyen gastroenteritis, fiebre, miocarditis, meningitis, enfermedades respiratorias y hepatitis (Aurazo M., 2009).

Debido al riesgo que representa la presencia de virus en el agua de abastecimiento humano, es deseable que se incluya el análisis virológico en la vigilancia de la calidad del agua, sin embargo a causa del elevado costo de este tipo de análisis, la complejidad del procedimiento y el tiempo que demanda, no es posible incluirlo como un parámetro de rutina en la vigilancia de la calidad del agua y aún se considera válida la vigilancia en función de la detección de indicadores bacteriológicos (Aurazo M., 2009).

1.7.3.3 Enteroparásitos

El enteroparasitismo es una dolencia que contribuye a elevar el índice de desnutrición infantil y produce alteraciones en el crecimiento, interferencias con la absorción de nutrientes, cuadros de anemia y de ulceración de la mucosa intestinal, incremento de casos de alergias, pérdida de energía y letargo, lo que disminuye la capacidad de trabajo y la productividad y, en general, produce un deterioro de la calidad de vida en la población. El problema del enteroparasitismo en los países desarrollados está relacionado principalmente con la transmisión de protozoarios patógenos como *Giardia* y *Cryptosporidium,* y en los países en vías de desarrollo, la población está parasitada con helmintos o gusanos como *Ascaris, Trichuris, Uncinarias, Strongyloides; Taenias como T. solium, T. saginata, Hymenolepis nana* y protozoarios como *Giardia, Cryptosporidium y Entamoeba histolytica,* entre otros. (Aurazo M., 2009).

1.7.3.3.1 Protozoarios

Las infecciones protozoarias intestinales son corrientes en humanos de todo el mundo. El protozoo flagelado, *Giardia*, es mundialmente el parásito protozoario entérico más común en el humano y en animales domésticos incluyendo el ganado, los perros y los gatos. La Giardasis es la enfermedad de transmisión hídrica más frecuentemente diagnosticada y, junto a la Criptosporidiasis, es el problema de salud pública más importante de los servicios públicos del agua en países en vías de desarrollo. Normalmente sobreviven en quistes cuando están fuera de un organismo. La transmisión interhumana de *Giardia* puede aparecer indirectamente a través de la ingestión accidental de quistes en el agua o en alimentos contaminados. Los protozoos se reproducen rápidamente dentro de un organismo huésped; por lo tanto, la ingestión con tan solo 30 ooquistes de *Cryptosporidium* o 10 quistes de *Giardia* puede causar enfermedad. Una vez en el agua, los protozoos pueden sobrevivir durante varias semanas, incluso más si se congelan en hielo. Los oocistos y los quistes son muy persistentes en el agua. Ambos son muy resistentes a los desinfectantes químicos comúnmente utilizados en el tratamiento del agua potable (Russell D. y Perdek Walling J., 2007; Thompson A., 2008).

1.7.3.3.2 Helmintos

La mayoría de los parásitos intestinales se transmiten por contaminación del ambiente y, en este aspecto, el agua y los alimentos juegan un papel importante. Si las heces no se eliminan de manera apropiada, los quistes, ooquistes y huevos de los parásitos intestinales pueden contaminar fuentes de agua o cultivos regados con aguas residuales. Por lo que se estima que 4% del total de muertes en el mundo se deben a problemas relacionados al agua, desagüe e higiene (Pérez-Cordón G. y col., 2008).

El grupo de los helmintos comprende gusanos de vida libre y parásitos que pueden vivir dentro o fuera de sus hospedadores, alimentándose de sus nutrientes, interfiriendo con su absorción y ocasionando trastornos tales como cansancio, apatía, dificultad para dormir, desnutrición, anorexia, anemia, cefalea, enteritis, hemorragias, lesiones pulmonares, trastornos convulsivos y retardo del crecimiento. Las infecciones parasitarias causadas por helmintos pueden adquirirse mediante el consumo de agua y alimentos contaminados con huevos fértiles o larvas infectantes, éstas ocupan un lugar muy importante debido a las considerables cifras de prevalencia reportadas en gran parte de la población mundial, ya que están íntimamente ligadas a factores ambientales y a las condiciones socioeconómicas de los individuos. Las especies de helmintos de mayor distribución y que con frecuencia se han encontrado en agua son: *Ascaris lumbricoides*, *Trichuris trichiura* y *Ancylostoma duodenale*; también debe tenerse en cuenta *Hymenolepis nana* aunque su distribución no sea tan amplia. Parte de los ciclos vitales de estos parásitos transcurren en la tierra y se transmiten por vía fecal-oral (Gallego L. y col., 2012).

1.8 CONTROL DE LA CALIDAD MICROBIOLÓGICA DEL AGUA

La determinación de microorganismos en el agua de consumo y su concentración proporcionan herramientas de control, indispensables para la toma de decisiones. El control de la calidad microbiológica del agua de consumo humano requiere del análisis de microorganismos patógenos, lo cual se dificulta debido a:

- La gran variedad de bacterias patógenas no cultivables.
- La complejidad de los ensayos de aislamientos.
- La baja concentración de varias especies muy agresivas.
- La necesidad de laboratorios especializados; además de demandar varios días de análisis y un costo elevado.
- Podrían no aparecer en muestras de laboratorio ya que tienen acceso en forma esporádica y no sobreviven en el agua por mucho tiempo.
- Si están en número muy pequeño no se pueden detectar por métodos de laboratorio.

Frente a la necesidad de hacer una evaluación sencilla, rápida, económica y fiable de la presencia de patógenos, la vigilancia de la calidad del agua se efectúa mediante la búsqueda de indicadores de contaminación aprobados por los estándares internacionales y nacionales (Pullés R., 2013).

El uso de microorganismos bioindicadores de calidad del agua disminuye los costos y facilita la implementación de medidas eficientes de tratamiento, control del agua y de enfermedades asociadas a su transmisión (Ríos-Tobón S. y col., 2017).

1.8.1 Indicadores

Los microorganismos indicadores de contaminación se utilizan como elementos clave en la determinación y control de la calidad del agua debido a que funcionan como signos de advertencia de cambios o alteraciones en el agua (Ríos-Tobón S. y col., 2017).

Los microorganismos indicadores son aquellos que tienen un comportamiento similar a los patógenos, concentración y reacción frente a factores ambientales, pero son más fáciles, rápidos y económicos de identificar. Una vez que se ha demostrado la presencia de grupos indicadores, se puede inferir que los patógenos se encuentran presentes en la misma concentración y que su comportamiento frente a diferentes factores como pH, temperatura, presencia de nutrientes, tiempo de retención hidráulica o sistemas de desinfección son similares (Halaby N. y col., 2017).

Estos indicadores deben cumplir ciertos requerimientos para ser establecidos como tal:

- Deben sobrevivir en el agua más tiempo y ser igual o más resistentes a factores externos que los patógenos.
- No ser patógenos.
- No deben reproducirse en animales poiquilotermos.
- Ser de fácil, rápido y económico aislamiento, cuantificación e identificación y, en lo posible, tener criterios microbiológicos comunes internacionalmente.
- Deben hallarse de forma constante en las heces y estar asociados a aguas residuales.
- Deben estar distribuidos al azar en las muestras y ser resistentes a la inhibición de su crecimiento por otras especies.
- Los indicadores deberán estar presentes siempre que lo estén los patógenos, y ausentes en aguas no contaminadas.
- Deben encontrarse en número mucho mayor que los patógenos.

Teniendo en cuenta estos criterios, los indicadores microbiológicos de contaminación fecal clásicos son aquellos microorganismos de la flora saprofita del intestino, que se encuentran muy abundantes y en el mayor número de individuos de la población. Los grupos de microorganismos más habituales encontrados en heces humanas son coliformes totales y fecales, *Escherichia coli* y estreptococos fecales. Muchos de estos microorganismos no son exclusivos del intestino humano, sino que forman parte también de la flora intestinal de diversos animales de sangre caliente. Esto es importante, ya que la contaminación fecal causada por animales puede entrañar riesgos sanitarios, por lo que hay que considerar los microorganismos más abundantes y frecuentes en las heces de los animales, sobre todo en los de producción (vaca, cerdo, oveja, caballo, gallina, pato y pavo). En todos ellos encontramos coliformes y estreptococos fecales, siendo estos últimos los de mayor abundancia relativa (Fernández Molina M. y col., 2001).

1.8.1.1 Indicadores de contaminación fecal

Entre los microorganismos indicadores de contaminación fecal más utilizados se encuentran los coliformes totales, termotolerantes y *Escherichia coli*. Idealmente, el agua potable no debe contener ningún microorganismo patógeno, ni tampoco bacterias indicadoras de contaminación fecal (Fernández Molina M. y col., 2001; Córdoba M. y col., 2010).

Un microorganismo indicador de contaminación fecal debe cumplir algunos requisitos para ser considerado como un buen indicador: ser un constituyente normal de la microbiota intestinal de individuos sanos, estar presentes de forma exclusiva en las heces de animales homeotermos y cuando los microorganismos patógenos intestinales lo están, presentarse en número elevado, lo que facilita su aislamiento e identificación; ser incapaz de reproducirse fuera del tracto gastrointestinal del ser humano y de los animales homeotermos; estar distribuido al azar en las muestras y ser resistente a la inhibición de su crecimiento por otras especies. Además, debe poseer los criterios de los indicadores ya mencionados en el punto anterior (Arcos Pulido M. y col., 2005; Ríos-Tobón S. y col., 2017; Halaby N. y col., 2017).

A la hora de elegir un microorganismo como indicador de contaminación fecal hay que tener en cuenta la facilidad de su cultivo. Los microorganismos abundantes en las heces que son de fácil cultivo e identificación son los coliformes totales, fecales, y estreptococos fecales (Fernández Molina M. y col., 2001).

1.8.1.2 Coliformes totales

Grupo de microorganismos que comprenden una amplia diversidad en términos de género y especie. Todos los miembros pertenecen a la familia *Enterobacteriaceae*, son bacilos Gram negativos, anaerobios facultativos, no esporulados, fermentadores de lactosa a 35 °C con producción de gas y ácido láctico de 24 a 48 h de incubación y pueden presentar actividad de la enzima β-galactosidasa. Se encuentran ampliamente difundidos en la naturaleza, agua, suelo y, además, son habitantes normales del tracto intestinal del hombre y animales de sangre caliente. Es por lo último que son adecuados como indicadores de contaminación fecal, y están presentes en grandes cantidades en el tracto gastrointestinal. Constituyen aproximadamente el 10 % de los microorganismos intestinales de los seres humanos y otros animales. Sin embargo no están asociados necesariamente con la contaminación fecal y no plantean ni representan necesariamente un riesgo evidente para la salud, ya que se encuentran en grandes cantidades en el ambiente (fuentes de agua, vegetación y suelos). En aguas tratadas estas bacterias funcionan como una alerta de que ocurrió contaminación sin identificar el origen, indican que hubo fallas en el tratamiento, en la distribución o en las propias fuentes. Este grupo está conformado por cuatro géneros principalmente: *Enterobacter, Escherichia, Citrobacter* y *Klebsiella*, también en algunos casos se puede considerar a *Serratia* (Rodríguez S. y col., 2012; Pullés R., 2013; García L. y Lannacone, J., 2014).

1.8.1.3 Coliformes termotolerantes

Los coliformes termotolerantes o también llamadas coliformes fecales, integran el grupo de los coliformes totales, pero se diferencian de estos últimos, en que son indol positivo, su intervalo de temperatura óptima de crecimiento es muy amplio (hasta 45 °C), tienen la capacidad de fermentar la lactosa, con producción de ácido y gas a 44,0 ± 0,2 °C en 24 h de incubación, y son mejores indicadores de higiene en alimentos y agua. La presencia de estos microorganismos indican la existencia de contaminación fecal de origen humano o animal, ya que las heces contienen coliformes termotolerantes que están presentes en la microbiota intestinal de animales de sangre caliente y humanos, incluye a *Escherichia* spp. y en menor grado las especies de los géneros de *Klebsiella, Enterobacter* y *Citrobacter,* estas últimas aparecen normalmente en la vegetación y sólo ocasionalmente aparecen en el intestino, tienen una importante función secundaria como indicadoras de la eficacia de los procesos de tratamiento del agua para eliminar las bacterias fecales. *E. coli* es la más representativa de este grupo (Carrillo E. y Lozano A., 2008; Pullés R., 2013).

1.8.1.4 *Escherichia coli*

Escherichia coli es miembro de la familia *Enterobacteriaceae*. Es una bacteria estrictamente intestinal, indicadora específica de contaminación fecal, forma parte de la microbiota normal del intestino del ser humano y los animales homeotermos, siendo la más abundante de las bacterias anaerobias facultativas intestinales. Rara vez se encuentra en agua o suelo que no haya sufrido algún tipo de contaminación fecal. Estudios efectuados han demostrado que está presente en las heces de humanos y animales de sangre caliente en concentraciones entre 100 millones y 1000 millones de UFC/g de heces. Por sus características, es uno de los indicadores de contaminación fecal más utilizados últimamente. No es infrecuente que se encuentre en el medio ambiente, donde son capaces de sobrevivir durante cierto tiempo en el agua y los alimentos (Larrea J. y col., 2009; Pullés R., 2013; Halaby, N. y col., 2017).

El hallazgo de *Escherichia coli* en agua está asociado con infecciones recientes o con presencia de materia orgánica y condiciones de pH y temperatura que faciliten su reproducción y sobrevivencia (Ríos-Tobón y col., 2017).

1.8.1.5 Bacterias aerobias mesófilas totales

El recuento en placa de bacterias mesófilas detecta una amplia variedad de microorganismos, principalmente bacterias que son indicadoras de la calidad microbiológica general del agua. Estas bacterias son heterótrofas, aerobias o anaerobias facultativas y mesófilas capaces de crecer en un medio de agar nutritivo. Abundan en el agua, incluida el agua tratada; poseen gran capacidad de adaptación, pueden tolerar condiciones adversas de suministro de oxígeno y permanecer más tiempo que otros microorganismos en el agua (García L. y Lannacone J., 2014).

La detección de estos microorganismos en el agua para consumo tiene poco valor cuando se trata de relacionarlos con la presencia de microorganismos patógenos, por cuanto no hay asociación de su presencia en el agua con la posibilidad de producir trastornos gastrointestinales; sin embargo, se utilizan como indicadores de buenas prácticas de higiene y de contaminación de origen ambiental, por ejemplo en los tanques o aljibes; por lo que no se justifica su presencia en concentraciones elevadas en el agua potable para consumo. No representan a ningún grupo de bacterias en particular pero tienen una gran utilidad para evaluar la calidad de las aguas, ya que reflejan la carga total microbiana (Fernández Molina M. y col., 2001).

Dentro de este grupo de microorganismos están incluidos los bacilos Gram negativos no fermentadores; algunos de ellos son parte de la microbiota habitual del hombre, encontrándose ampliamente distribuidos en las heces, suelo, agua de mar y agua dulce, en esta última con gran capacidad de multiplicación (Pullés R., 2013).

La mayoría de estos microorganismos son patógenos oportunistas asociados a infecciones nosocomiales y a infecciones en pacientes inmunocomprometidos, así como también son resistentes a muchos antimicrobianos (Rojas T. y col., 2014).

1.8.1.6 *Pseudomonas* spp.

El género *Pseudomonas* pertenece a la familia *Pseudomonadaceae* y está formado por bacilos aerobios Gram negativos móviles, quimioheterótrofos, poseen una densa capa de polisacáridos que actúa como barrera fisicoquímica capaz de protegerlos del efecto del cloro residual. Productores de catalasa y oxidasa. Debido a que no fermentan la glucosa, se les conoce como no fermentadores, al contrario de las enterobacterias que si lo fermentan. Se identifican con base en varias características fisiológicas: uso de diversidad de compuestos orgánicos como fuentes de carbono, nitrógeno y energía que aumentan su capacidad de resistir a factores ambientales. Puede multiplicarse en aguas que contengan tan solo cantidades mínimas de nutrientes. Su resistencia al cloro es superior a la de otros microorganismos aislados del agua; además, su característica más importante es su capacidad de inhibir coliformes que, al ser indicadores de contaminación de agua más comúnmente usados en el mundo, existe gran probabilidad de consumir agua con índice de coliformes cero, que podrían estar inhibidos por microorganismos del género *Pseudomonas*. Se considera por tanto que, aun cuando las aguas tratadas muestran estar libres de coliformes no se puede asegurar su potabilidad, entonces es necesario determinar la presencia de *Pseudomonas* spp. (Ríos-Tobón S. y col., 2017).

P. aeruginosa junto a *P. fluorescens* y *P. maltophila* son bacterias que no se consideran autóctonas del agua, derivan generalmente de heces humanas, animales y del ambiente, su detección en aguas se relaciona con polución por descarga de aguas residuales por lo cual hay una relación bastante fuerte con la presencia de la bacteria y contaminación (Halaby N. y col., 2017).

La presencia de bacterias oportunistas patógenas, como lo es *Pseudomonas*, en agua potable es un problema latente en la población debido a que pueden causar múltiples enfermedades, siendo los más afectados los inmunodeficientes, recién nacidos y personas de la tercera edad. Los estudios tienden más a preocuparse por los agentes que causan trastornos gastrointestinales y que dejan en un plano secundario a aquellos agentes transmitidos por el agua que causan infecciones en heridas: en los ojos, oídos, nariz, garganta u otras infecciones generalizadas en el cuerpo, como es el caso de *Pseudomonas*. Muchas cepas son resistentes a diversos antibióticos, lo que puede aumentar su relevancia en el ámbito hospitalario (García L. y Lannacone J., 2014).

Se ha demostrado que es capaz de sobrevivir y multiplicarse en aguas tratadas, esto debido a una densa capa polisacárido la cual establece una barrera no solo física si no química capaz de proteger a la bacteria (Reilly K. y Kippin J., 2000).

En ambientes acuosos, tiene la capacidad de adherirse fácilmente a superficies inertes de diferentes materiales, formando biofilms que facilitan su establecimiento. Este patógeno oportunista produce mecanismos de resistencia a diversos antibióticos. La resistencia a carbapenémicos en cepas de *P. aeruginosa* se ha asociado con la formación de biopelículas bacterianas, favorecidas por la presencia de exopolisacáridos (Ochoa S. y col., 2013).

1.8.2 Viabilidad de los microorganismos indicadores y patógenos en el medio ambiente

La viabilidad en el medio ambiente de las bacterias presentes en las heces humanas, y durante los procesos de tratamiento de aguas, es muy similar a la de las bacterias patógenas. No obstante, virus, quistes de protozoos y parásitos son considerados más resistentes (Fernández Molina M. y col., 2001).

La capacidad de sobrevivir y reproducirse de las bacterias entéricas en el agua, provenientes del tracto gastrointestinal de animales y humanos, es restringida dado el estrés fisiológico que presenta el medio acuoso. Estas características particulares indican que su hallazgo está asociado con infecciones recientes o con presencia de materia orgánica y condiciones de pH, humedad y temperatura que facilitan su reproducción y sobrevivencia. Son indicadores de contaminación fecal a corto plazo por descarga de desechos y a largo plazo, indicadores de efectividad de programas de control (Rios-Tobón S. y col., 2017).

Muchos factores estresantes ambientales afectan la supervivencia de los indicadores de patógenos, especialmente la intensidad de la luz solar sobre las aguas superficiales, ya que aumenta la muerte bacteriana lo que limita los graves impactos bacterianos. Las bacterias en las aguas turbias y los sedimentos del fondo no son tan susceptibles a la luz solar como los microorganismos de las aguas superficiales y, por lo tanto, sobreviven más tiempo. La supervivencia del patógeno también depende de la temperatura del agua. El metabolismo celular reducido en agua fría aumenta la supervivencia de las bacterias (Russell D. y Perdek Walling j., 2007).

Las esporas de *Clostridium perfringens* presentan mayor resistencia a diversos procesos físico-químicos que otros indicadores bacteriológicos fecales, *Cryptosporidium* se inactiva rápidamente a temperaturas extremas, sin embargo, sus ooquistes dan lugar a numerosas epidemias ya que, en ausencia de desecación, los ooquistes prolongan su viabilidad en el medio ambiente (Fernández Molina M. y col., 2001).

1.9 DISPONIBILIDAD DEL AGUA EN ZONAS RURALES ÁRIDAS

Las frecuentes y prolongadas sequías, repercuten en el agotamiento de las fuentes de aguas naturales utilizada por los pequeños productores, afectando la disponibilidad de agua.

La forma de vivir de una sociedad rural asentada en unas tierras donde la aridez es el rasgo geográfico característico por excelencia, ha estado siempre condicionada por la necesidad básica de encontrar agua no sólo para el abastecimiento doméstico, sino también para la base económica primaria de la familia. Por lo tanto, el agua constituye un factor de desarrollo, necesario y creador de riqueza (Arango Zapata R., 2008).

1.9.1 Agua en el Departamento de Pocho

La pedanía Chancaní, perteneciente al Chaco árido, se caracteriza por la pobreza de sus aguas. Las escasas precipitaciones, la excesiva evapotranspiración y la permeabilidad de los suelos hacen necesario un cuidado especial de este recurso vital para la supervivencia de las poblaciones locales (Karlin M. y col., 2013).

Las escasas precipitaciones van desde los 400 a 600 milímetros (mm) anuales y se concentran en la época estival. En los últimos diez años y en la actualidad generalmente no superan los 300 mm anuales (Agüero R. y col., 2013).

Los resultados del censo Nacional de Población, de Hogares y Viviendas del año 2010 permitieron conocer que en el Departamento de Pocho, 745 hogares se abastecen de agua de red pública, 74 hogares tienen perforación con bomba motor, 24 hogares tienen perforación con bomba manual, 350 viviendas poseen agua de pozo, 104 viviendas tienen como procedencia transporte por cisterna y 314 viviendas se abastecen de agua de lluvia, río, canal, arroyo o acequia (INDEC, 2010).

En esta zona de Córdoba, el problema de la escasez del agua es serio, si se analiza la cobertura de hogares con agua corriente de red, ya que más del 50% de los hogares no disponen de agua de red pública (Sánchez C., 2013).

La fuente de distribución de agua en Chancaní es una represa que se alimenta del agua encauzada en la Quebrada de la Mermela de la Sierras de Pocho, distribuyéndose para uso del pueblo y del área circundante a través de acequias no revestidas, con destino al llenado de bebederos para animales (Agüero R. y col., 2013).

La falta de garantías en la seguridad del recurso hídrico hace que la comunidad esté expuesta a brotes de enfermedades relacionadas con el agua. Evitarlos es particularmente importante dado que el agua como vehículo tiene gran potencial de infectar simultáneamente a gran proporción de la población (Ríos-Tobón S. y col., 2017).

1.9.2   Abastecimiento de agua en los parajes de la Pedanía Chancaní

Los parajes en las zonas rurales se caracterizan por condiciones de vida precarias y ausencia de infraestructura de redes hídricas. Sumado a ésto, la contaminación de las fuentes de provisión de agua es crítica en esta área rural, donde en la mayoría de los hogares el agua para consumo humano se extrae de pozos que en algunos casos, no reúnen los requisitos en cuanto a profundidad y distancia de las cámaras sépticas o corrales de encierro de animales y, además, no reciben ningún tratamiento de purificación previo al consumo (Baccaro K. y col., 2006; Martínez G. y col., 2014).

En la zona rural la obtención de agua para las viviendas es mediante la extracción en pozos a balde o el almacenamiento en aljibes-cisternas. En algunas áreas se construyen pozos balde (figura N°1), alrededor de las represas con el fin de aprovechar el agua infiltrada como estrategia para que los recursos hídricos alcancen todo el año (figura N°2). El problema es que el agua almacenada en las represas se contamina en su recorrido (tierra, hojas, etc.) por el contacto con los animales que beben directamente en ella. Otra de las formas de almacenar el agua en la región es a través de cisternas (figura N°3), en donde se adoptan distintas formas de captación como aprovechamiento del agua de lluvia sobre techos y almacenamiento en cisternas subterráneas o a nivel. El agua de lluvia almacenada es captada desde el techo de las viviendas y recogida por canaletas con pendientes que son las responsables de conducirla hacia una cisterna cubierta para evitar su contaminación. La desembocadura de las canaletas que conducen el agua a la cisterna posee una malla que filtra sus impurezas del agua. Esta agua almacenada se destina fundamentalmente para el consumo humano. En época de sequía los campesinos deben recurrir a un camión cisterna que transporta el agua desde Villa Dolores para llenar las cisternas (Karlin M. y col., 2013)

Estos tipos de almacenamiento han probado ser las formas fundamentales de aprovechamiento de agua en la región, aunque en los últimos años el aumento de la cantidad de animales, con el consiguiente mayor consumo de agua y las oscilaciones climáticas, provocan que muchas veces el recurso hídrico no alcance para todo el año, impactando en las condiciones corporales de los animales incrementando su mortalidad (Karlin M. y Castro G., 2010).

Figura N°1: Pozo balde en distintos parajes de la Pedanía Chancaní.

Figura N°2: Pequeña represa en la proximidad de una vivienda.

Figura N°3: Cisterna subterránea.

2   HIPÓTESIS Y OBJETIVOS

2.1   HIPÓTESIS

La insuficiente red hídrica en la localidad de Chancaní, y las fuentes de aprovisionamiento de agua empleadas en los parajes (pozo balde y cisternas) permiten inferir que el agua usada para consumo humano y animal no es segura.

2.2   OBJETIVOS

2.2.1   Objetivo general

Determinar la calidad microbiológica del agua de establecimientos rurales de la región de Chancaní, Departamento de Pocho, Provincia de Córdoba, Argentina. Con el fin de aportar conocimientos y recomendaciones para la obtención de agua apta para consumo humano.

2.2.2   Objetivos específicos

- Efectuar el recuento de bacterias aeróbicas y anaeróbicas facultativas, mesófilas viables totales en el agua.

- Realizar el recuento de coliformes totales presentes en el agua.

- Determinar la presencia de *Escherichia coli.*

- Determinar la presencia de *Pseudomonas aeruginosa.*

- Establecer la aptitud microbiológica del agua para consumo humano según las especificaciones establecidas por la normativa del Código Alimentario Argentino.

3 MATERIALES Y MÉTODOS

3.1 MEDIOS DE CULTIVO Y SU COMPOSICIÓN

AGUA DE PEPTONA

Peptona	1 g
Agua destilada	1.000 ml
pH 7	

CALDO CRISTAL VIOLETA (2X) (g/lt)

Peptona de carne	40
Lactosa	40
ClNa	10
Solución de cristal violeta al 1%	5 ml
Agua destilada	1000 ml
pH 7	

AGAR CETRIMIDE (g/lt):

Peptona de gelatina	20
Cloruro de magnesio	1,4
Sulfato de potasio	10
Agar	13,6
Cetrimide	0,3
Glicerina	10 ml
Agua destilada	1000 ml
pH 7,2	

Nill Ana Paula

AGAR P (KING A) (g/lt):

Peptona de gelatina	20
Sulfato de potasio	10
Cloruro de magnesio	1,4
Glicerina	10 ml
Agar	15
Agua destilada	1000 ml
pH 7,2	

AGAR F (KING B) (g/lt):

Tripteína	10
Peptona de carne	10
Fosfato dipotásico	1,5
Sulfato de magnesio	1,5
Glicerina	10 ml
Agar	15
Agua destilada	1000 ml
pH 7,2	

CALDO NUTRITIVO (g/lt):

Pluripeptona	5
Extracto de carne	3
Agua destilada	1000 ml
pH 6,9	

CALDO MAC CONKEY (g/lt):

Peptona	20
Sales biliares	5
ClNa	5
Lactosa	10
Púrpura de Bromocresol (1,6% en alcohol)	2,5 ml
Agua destilada	1000 ml
pH 7.4	

AGAR LEVINE (g/lt):

Peptona	10
Lactosa	5
Sacarosa	5
Fosfato dipotásico	2
Agar	13,5
Eosina	0,4
Azul de Metileno	0,065
Agua destilada	1000 ml

pH 7.2

MEDIO DE CLARK Y LUBS (g/lt):

Peptona	7
Glucosa	5
Fosfato dipotásico	5
Agua destilada	1000 ml

pH 6,7-7,1

AGAR CITRATO DE SIMMONS (g/lt):

Sulfato de magnesio	0,2
Fosfato dipotásico	1
Fosfato monobásico	1
Citrato de sodio	2
ClNa	5
Azul de bromotimol	0,08
Agar-Agar	13
Agua destilada	1000 ml

pH 7,2

CALDO TRIPTICASA SOYA (g/lt):

Tripteína	17
Peptona de soya	3
ClNa	5
Fosfato dipotásico	2,5
Glucosa	2,5
Agua destilada	1000 ml
pH 7,3	

AGAR TRIPTICASA SOYA (g/lt):

Tripteína	15
Peptona de soya	5
ClNa	5
Agar-Agar	15
Agua destilada	1000 ml
Ph 7,3	

3.2 SOLUCIONES

REACTIVO DE KOVAC

SOLUCIÓN DE ROJO DE METILO

SOLUCIÓN DE KOH

SOLUCIÓN DE ALFA-NAFTOL

SOLUCIÓN FISIOLÓGICA

CLORURO DE SODIO

3.3 ÁREA DE ESTUDIO

El estudio fue realizado en establecimientos rurales de la pedanía Chancaní, localidad ubicada en el Departamento Pocho, Provincia de Córdoba, Argentina. Se encuentra situada en el oeste provincial, a 265 km de la Ciudad de Córdoba. El Departamento se localiza en la región llamada Valle de Traslasierra (figura N°4). Gran parte del territorio es una meseta llana de unos 1000 metros sobre el nivel del mar llamada Pampa de Pocho.

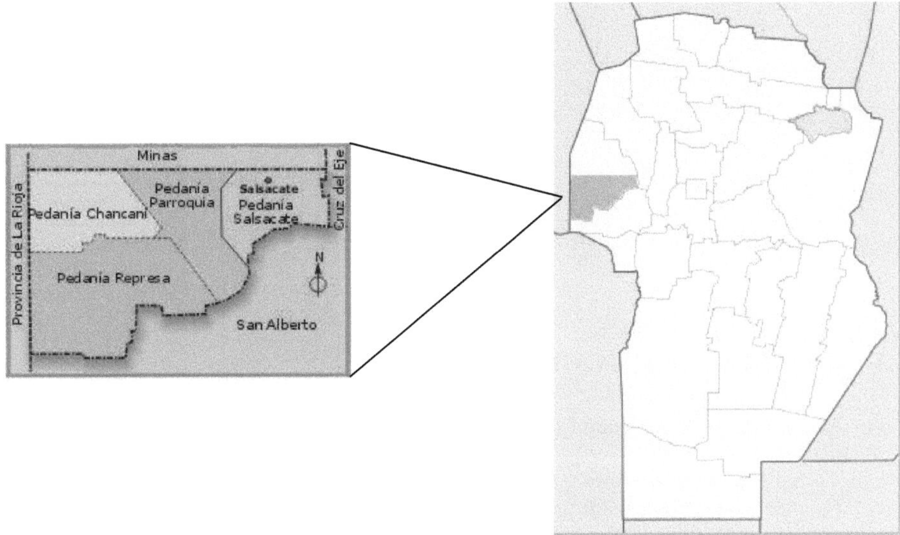

Figura N°4: Departamento de Pocho, Provincia de Córdoba.

Las muestras de agua fueron de los siguientes parajes: La Patria (2); Los Medanitos (1); Los Médanos (1); El Quemado (6); La Quebrada (1); Los Quebrachitos (3); San Alberto (2); Pozo del Palo (1); El Bañado (1) y Localidad de Chancaní (2) (figura N°5).

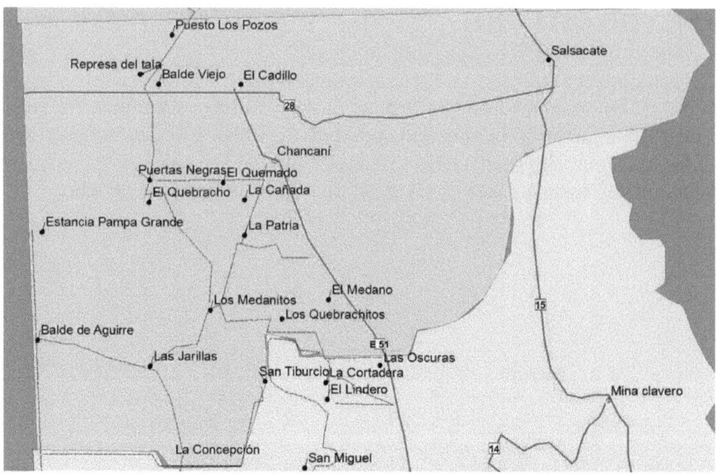

Figura N°5: Departamento de Pocho.

3.4 OBTENCIÓN DE LA MUESTRA

Los muestreos se realizaron siguiendo los lineamientos metodológicos siguientes:

1) Se utilizaron envases esterilizados y durante la toma se prestó atención a mantener una adecuada asepsia.

2) Se rotularon los envases.

3) Para las muestras obtenidas de canilla, se quemó con un mechero el borde del pico de salida de agua, luego se abrió la canilla y se dejó correr el agua unos minutos.

4) En el caso de las muestras obtenidas de pozo balde, los baldes utilizados para extraer el agua fueron desinfectados con lavandina y enjuagados antes de extraerla.

5) Se abrieron los recipientes estériles, evitando todo contacto de los dedos con la boca e interior del mismo y se sostuvieron las tapas de manera que éstas miren para abajo.

6) Se llenaron los frascos dejando una cámara de aire. Durante el llenado se tuvo la precaución de mantener el frasco inclinado a 45° para evitar la introducción de partículas externas.

7) Los envases se taparon inmediatamente asegurando un cierre perfecto.

8) Las muestras se guardaron en una conservadora limpia, con geles refrigerantes.

9) Se trasladaron las muestras lo más pronto posible al Laboratorio de Genética Microbiana de la Facultad de Ciencias Exactas, Físico-Químicas y Naturales y se procesaron en un plazo de 24 horas.

3.5 ANÁLISIS MICROBIOLÓGICOS DE LAS MUESTRAS DE AGUA

Para determinar la aptitud de las muestras de agua, se analizaron los parámetros bacteriológicos requeridos por el Código Alimentario Argentino (CAA): Recuento de bacterias mesófilas totales, de Coliformes Totales, y determinación de *Escherichia coli y Pseudomonas aeruginosa.*

3.5.1 Recuento de bacterias mesófilas totales

Se sembró 1 ml de la muestra sin diluir y diluida 1:10; 1:100; 1:1000, etc. previa agitación, en placas de Petri estériles vacías por duplicado. Se agregó un volumen de 15-20 ml del medio de cultivo agar tripticasa soya esterilizado, fundido y templado a 45 ºC. Una vez agregado el medio de cultivo agarizado se efectuaron sucesivos movimientos rotatorios a las placas de Petri para lograr una distribución uniforme de la muestra. Durante esta operación se mantuvo la placa apoyada sobre la mesada. Luego se dejó solidificar el medio sobre una superficie plana. Una vez solidificado, se incubaron las placas en estufa a 37 ºC durante 24 horas. Transcurrido ese tiempo de incubación, se realizó el recuento en las placas con un número de colonias comprendido entre 30 y 300. Se informó el resultado expresado en unidades formadoras de colonias por mililitro (UFC/ml).

3.5.2 Recuento de Coliformes Totales

Se utilizó el método clásico de la Técnica del Número Más Probable (NMP). Se inoculó 10 ml de muestra en 3 tubos que contenían caldo Mac Conkey doble concentración. Luego se inoculó 1 ml de muestra en 3 tubos que contenían caldo Mac Conkey simple concentración. Posteriormente se inoculó 0,1 ml de muestra en 3 tubos que contenían caldo Mac Conkey simple concentración. Todos los tubos contienen una campana Durham para poder observar el gas atrapado y determinar los resultados. Se incubaron los 9 tubos durante 48 horas, a una temperatura de 37 °C. En base a los números de tubos confirmados y a la tabla del NMP de tres series de 3 tubos cada uno, se calculó el NMP/100.
Resultados: se expresó en NMP/100 ml de muestra (figura N°6).

Prueba positiva: viraje del indicador de pH, de púrpura a amarillo, y formación de gas a las 24 h.
Prueba negativa: sin viraje del indicador del pH, ni formación de gas.
Prueba dudosa: solo formación de gas a las 48 h.

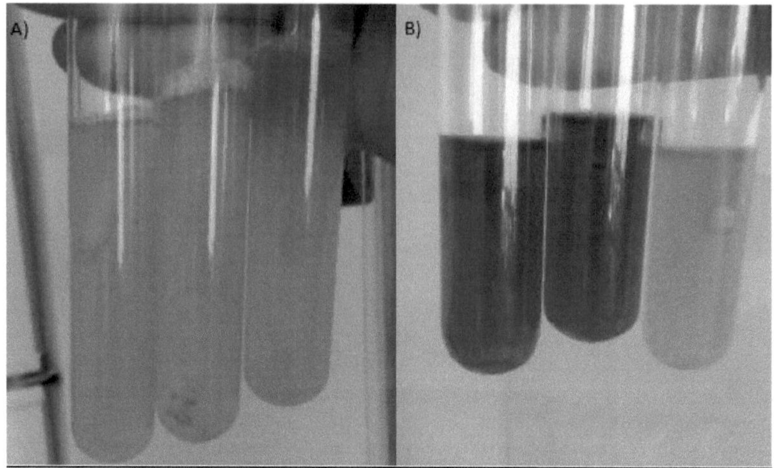

Figura N°6: Recuento de Coliformes Totales en caldo Mac Conkey
A) 3 tubos positivos, B) 2 tubos negativos y uno positivo.

3.5.3   Determinación de *Escherichia coli*

Se inocularon 100 ml de la muestra en recipientes que contenían 100 ml caldo Mac Conkey doble concentración. Se incubaron 24-48 h a una temperatura de 37 °C. Se evidenció el desarrollo microbiano por el viraje del indicador de pH del medio de cultivo y además por la turbidez (figura N°7). A partir de los caldos que presentaron viraje y turbidez, se procedió a realizar el aislamiento por estrías por agotamiento en placas de Petri con medio Agar Levine. Estas se incubaron durante 24-48 h, a una temperatura de 37 °C. Las colonias sospechosas de *E. coli*, rojas con centros oscuros con o sin brillo metálico, se repicaron a tubos con agar tripticasa soya y se incubaron durante 24 h a 37 °C. A partir de este cultivo se realizaron las pruebas de identificación: Indol, Rojo de Metilo, Voges Proskauer y Citrato de Simmons.

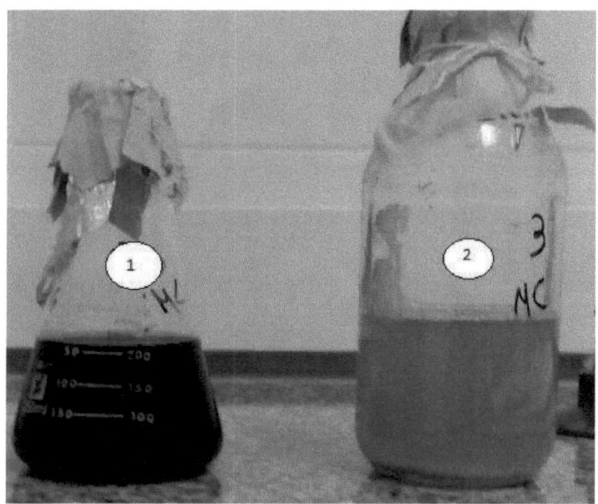

Figura N°7: Determinación de *Escherichia coli* por cultivo en caldo Mac Conkey.
Resultado: Negativo (1), Positivo (2).

Prueba del indol

Se inocularon los tubos con agua peptonada y se incubaron durante 24 h a 37 °C. Se agregó a cada tubo 0,2 ml de reactivo de Kovac y se registraron como:

Prueba positiva: aparición de un anillo rojo oscuro sobre la superficie del cultivo.
Prueba negativa: No se observa cambio de color.

Fundamento: ciertos microorganismos degradan el triptófano (aminoácido presente en el medio) por acción de la triptofanasa produciendo indol, ácido pirúvico, amoníaco y energía ATP. El indol es detectado por el reactivo Kovacs (alcohol amílico, p-dimetilaminobenzaldehído). El alcohol amílico extrae el indol que reacciona con el p-dimetilaminobenzaldehído formando un anillo rojo. *Escherichia coli* es positiva para esta prueba.

Prueba del Rojo de Metilo

Se inocularon tubos con medio de Clark y Lubs y se incubaron durante 24 h a 37 °C. Luego se les añadió solución de Rojo de Metilo y se agitó, observando los diferentes resultados:

Prueba positivo: rojo intenso
Prueba negativo: color amarillo

Fundamento: Los microorganismos que realizan fermentación ácida mixta a partir de glucosa producen un descenso en el pH del medio de cultivo por debajo de los 4,5, lo que provoca un viraje del indicador de pH rojo de metilo, de amarillo a rojo. *E. coli* es positiva para esta prueba.

Prueba de Voges-Proskauer

Se inocularon tubos con medio de Clark y Lubs y se incubaron durante 24 h a 37 °C. Luego se añadió a cada tubo solución KOH y solución alfa-naftol.

Prueba positiva: aparición de un color rosado.
Prueba negativa: sin cambio de color.

Fundamento: Los microorganismos que realizan fermentación butilenglicólica por degradación de la glucosa producen acetoína, que conduce a la formación de 2,3 butanodiol. En presencia de oxígeno atmosférico y álcali (hidróxido de potasio) estos compuestos son oxidados a diacetilo. El alfa naftol actúa como catalizador, el cual se combina con el producto de la reacción del diacetilo y el compuesto del tipo guanidina, arginina, que se encuentra en la peptona del medio desde los primeros momentos de la reacción. Por lo tanto, es fundamental agregarlo primero. El agregado de KOH forma un complejo rosado. *E. coli* es negativa para esta prueba.

Prueba de citrato de Simons

Se inocularon tubos con agar Citrato de Simmons por picadura en columna y por estrías en la superficie. Luego se incubaron 24 h a 37 °C.

Prueba positiva: cambio de color de verde a azul.
Prueba negativo: sin cambio de color.

Fundamento: El medio de Citrato de Simmons es un medio sintético con citrato como única fuente de carbono. Los microorganismos capaces de usar esta fuente de carbono, utilizan también las sales de amonio como única fuente de nitrógeno. Las sales de amonio se desdoblan en amoníaco (NH_3) con la consiguiente alcalinidad del medio; además, los ácidos orgánicos y sus sales como fuente de carbono producen carbonatos y bicarbonatos alcalinos, a causa de ello el indicador azul de bromotimol vira al azul. *E. coli* es negativa para esta prueba.

3.5.4 Determinación de *Pseudomonas aeruginosa*

Se inocularon 100 ml de las muestras en Erlenmeyers con 100 ml caldo Cristal Violeta doble concentración. Se incubaron 24-48 h a una temperatura de 37 °C. Se evidenció el desarrollo microbiano por la presencia de turbidez (figura N°8). A partir de los caldos que presentaron turbidez, se procedió a realizar el aislamiento en estrías por agotamiento en placas de Petri con medio agar Cetrimide. Se incubaron durante 24 a 48 h, a una temperatura de 37 °C. Las colonias sospechosas de *Pseudomonas aeruginosa* se sembraron en tubos con agar nutritivo inclinado, y se incubaron durante 24 h a 37 °C. Posteriormente se realizó la identificación de *Pseudomonas aeruginosa* por pruebas bioquímicas.

Figura N°8: Determinación de *Pseudomonas aeruginosa* por cultivo en caldo Cristal Violeta. Resultados: negativo (A) y positivo (B)

Tinción de Gram

Se confirmó la presencia de bastones Gram (-) no esporulados.

Prueba de la Oxidasa

Se realizaron suspensiones en tubos con solución fisiológica a partir de las colonias aisladas en Agar Cetrimide. Se agregó a cada tubo un disco de oxidasa.

Prueba positiva: observación de un color rojo-fucsia en el disco y/o solución.
Prueba negativa: el disco permanece sin cambio de color.

Crecimiento a 42 °C

A partir del cultivo de agar Cetrimide, se realizaron suspensiones en tubos con caldo nutritivo y se colocaron en un baño termostatizado a 42 °C durante 24 h.

Prueba positiva: La presencia de turbidez en el medio evidencia el desarrollo microbiano.
Prueba negativa: No se observa turbidez puesto que no hay desarrollo microbiano.

Fundamento: El crecimiento a 42 °C permite diferenciar *P. aeruginosa* que desarrolla a esta temperatura, de otras especies del género.

Agar P (King A)

A partir de las colonias aisladas crecidas en agar Cetrimide, se sembraron tubos de ensayos con Agar P. Se incubaron 24 h a 37 °C.

Prueba positiva: observación de una zona color azul, azul-verdoso que rodea la colonia, o que se extiende en todo el medio de cultivo debido a la difusión del pigmento.
Prueba negativa: sin cambio de color en el medio de cultivo.

Fundamento: En el medio de cultivo, la peptona de gelatina aporta los nutrientes necesarios para el desarrollo bacteriano, la glicerina favorece la producción de pigmentos, las sales de magnesio y potasio estimulan la producción de piocianina e inhiben la producción de fluoresceína.

Agar F (King B)

A partir de las colonias aisladas crecidas en agar Cetrimide, se sembraron tubos de ensayos con Agar F. Se incubaron 24 h a 35 °C.

Prueba positiva: Observación de fluoresceína, pigmento de color amarillo, amarillo-verdoso fluorescente que rodea la colonia o que se extiende por todo el medio de cultivo debido al fenómeno de difusión.
Prueba negativa: No se observan cambios de color en el medio de cultivo.

Fundamento: En el medio de cultivo, la tripteína y la peptona de carne aportan los nutrientes necesarios para el desarrollo bacteriano, la glicerina favorece la producción de pigmentos, y la concentración de fosfatos estimula la producción de fluoresceína e inhibe la producción de piocianina.

4 RESULTADOS Y DISCUSIÓN

Este estudio fue realizado en 10 parajes de la Pedanía de Chancaní y sus inmediaciones. Se evaluaron los parámetros microbiológicos establecidos por el Código Alimentario Argentino (CAA) en un total de 20 muestras de agua, 10 procedentes de cisterna y las 10 restantes de pozo balde (tabla N°2).

Tabla N°2: Resultados de los Análisis microbiológicos.

Muestra de Agua	Paraje	Recuento de bacterias mesófilas totales (UFC/ml)	Recuento de Coliformes Totales (NMP/100l)	*E. coli.* (100 ml)	*P. aeruginosa* (100 ml)
	Criterios CAA	No > 500 UFC/ml	NMP/100ml ≤ 3	Ausencia 100 ml	Ausencia en 100 ml
C1	La Patria	<30	≤3	A	A
C2	Los Medanitos	<30	≤3	A	A
C3	El Quemado	<30	93	A	A
C4	Los Quebrachitos	$4,7x10^2$	75	A	A
C5	El Quemado	<30	≤3	A	A
C6	El Quemado	<30	150	A	A
C7	El Bañado	$4x10^5$	1100	A	A
C8	El Quemado	<30	≤3	A	A
C9	Pozo del Palo	<30	7	A	P
C10	San Alberto	<30	480	P	A
PB1	Los Médanos	$4,9x10^4$	≤3	A	A
PB2	La Patria	<30	43	A	A
PB3	La Quebrada	<30	≤3	A	P
PB4	Chancaní	<30	150	P	A
PB5	El Quemado	$1,3X10^4$	≤3	A	A
PB6	El Quemado	$1,7X10^5$	1100	A	A
PB7	Los Quebrachitos	$9,6x10^3$	>1100	A	A
PB8	Los Quebrachitos	$1,05x10^3$	1100	A	A
PB9	Chancaní	<30	43	P	A
PB10	San Alberto	$4.8x10^3$	43	A	A

Referencias: A, (ausencia); P, (presencia); C, Cisterna; PB, Pozo Balde; NMP, número más probable; UFC, unidad formadora de colonia.

4.1   Recuento de bacterias aerobias mesófilas totales

El Recuento de bacterias mesófilas totales se determinó para el total de las muestras, según lo establecido por el CAA. El límite de tolerancia es de 500 UFC/ml, por lo que un 35% (7/20) de las muestras de agua estudiadas excedieron este valor (figura N° 9). Este porcentaje de muestras con altos valores de bacterias mesófilas totales, es indicador de contaminación ambiental.

De las 7 muestras positivas no aptas para consumo, 6 fueron extraídas de pozo, y la restante fue recogida de cisterna (figura N° 10).

Los valores elevados encontrados en algunas muestras alertan sobre la calidad de esta fuente de agua, ya que a mayor recuento de bacterias mesófilas totales, mayor es la posibilidad de que existan patógenos, debido a que la mayoría de los patógenos son microorganismos mesófilos.

Los resultados del presente estudio son consistentes con evaluaciones realizadas por Bettera S. y col., (2011) quienes evaluaron la calidad bacteriológica del agua de pozo, y del agua de lavado, en muestras obtenidas de 50 tambos distribuidos en la cuenca lechera de Villa María (Córdoba), Argentina. Al igual que en los parajes analizados en este estudio, en ningún caso el agua recibía tratamiento de desinfección. Los tambos presentaron recuentos de aerobios mesófilos superiores a 500 UFC/ml en el 46 y 24% de las muestras de lavado y agua de pozo, respectivamente.

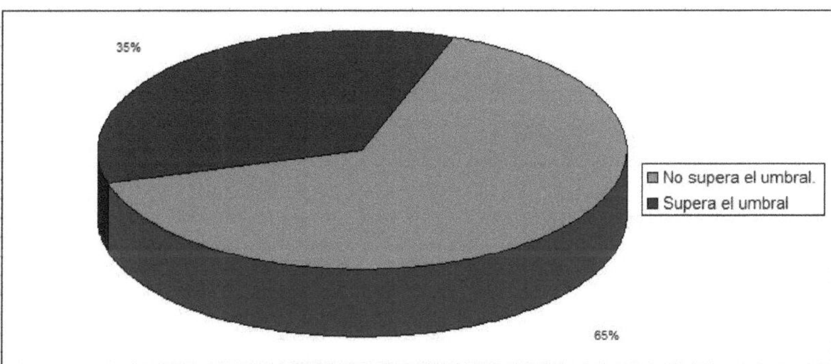

Figura N° 9: Recuento de Bacterias Mesófilas Totales.

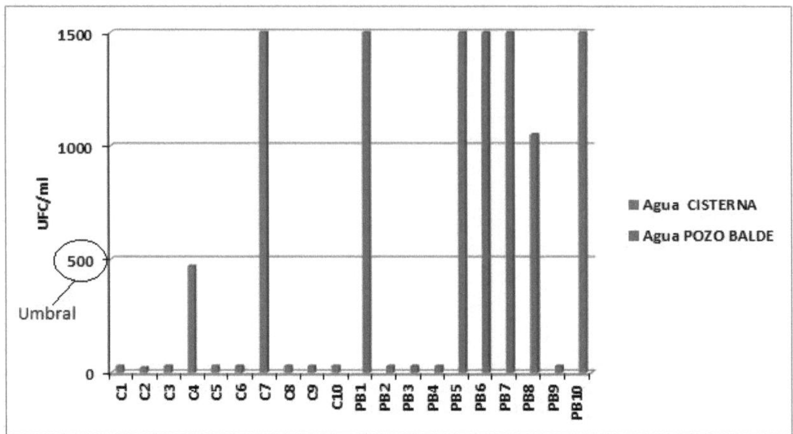

Figura N° 10: Muestras que exceden el umbral según lo establecido por el CAA en la determinación del Recuento de bacterias aerobias mesófilas totales, (mayor a 500 UFC/ml).

4.2 Recuento de Coliformes Totales

El recuento de Coliformes Totales determinó que el 65% (13/20) de las muestras excedieron el umbral establecido por el CAA para este grupo microbiano (figura N°11).

En la figura N° 12 se detallan las muestras que sobrepasan el valor de 3·NMP/100 ml.

De las muestras que no cumplen con la normativa, siete son provenientes de pozo (7/13) y seis de agua recogida en cisternas (6/13).

De acuerdo con FAO (2015), cuanto mayor es la población de coliformes totales, mayor es la probabilidad que haya microorganismos patógenos presentes en el agua.

Estos altos valores podrían estar indicando contaminación fecal puesto que el grupo de microorganismos coliformes es adecuado como indicador de contaminación fecal debido a que estos forman parte de la microbiota normal del tracto gastrointestinal, tanto del ser humano como de los animales homeotermos y están presentes en grandes cantidades en él. Hay que tener en cuenta que no todos los coliformes totales son fecales, ya que no solamente son habitantes del tracto intestinal del hombre y animal, sino que también se encuentran ampliamente difundidos en la naturaleza, agua y suelo. Para determinar la contaminación fecal con exactitud se evaluó la presencia de *Escherichia coli*.

Los valores de Coliformes Totales hallados en este estudio son semejantes a los que obtuvieron Tarqui-Mamani C. y col. (2016) quienes evaluaron la calidad bacteriológica del agua para consumo en tres regiones de Perú. Las muestras estuvieron conformadas por 706 hogares, los resultados obtenidos en cuanto a Coliformes Totales fueron de 78,6%, 65,5%, y 64,1% en las regiones de Cajamarca, Huancavelica y en Huánuco, respectivamente.

Estos estudios se pueden comparar con Revelli G. y col. (2009) quienes analizaron la calidad microbiológica de 22 muestras de agua tomadas del sector urbano y rural recolectadas en la zona noroeste de Santa Fe y sur de Santiago del Estero, Argentina, de las que se le realizaron análisis microbiológicos. El 43% de muestras de agua de lluvia y el 100% de aguas subterráneas, presentaron valores fuera de los rangos establecidos por la legislación vigente CAA, siendo los más significativos el Recuento de Coliformes Totales y la determinación de *Pseudomonas aeruginosa*.

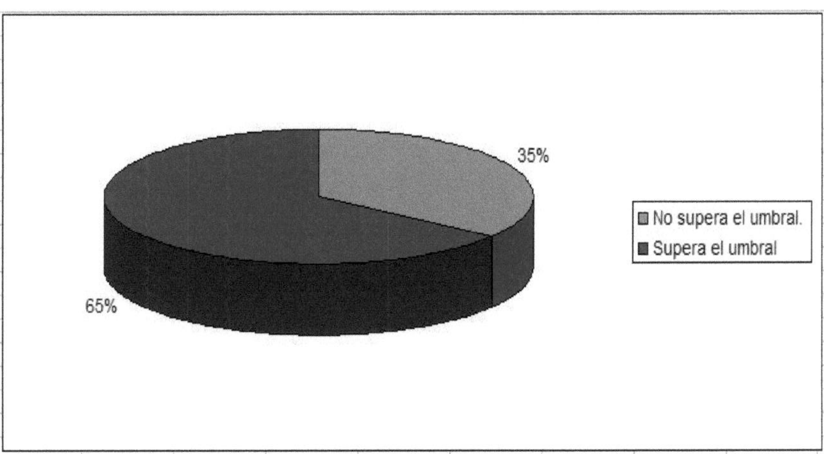

Figura N°11: Recuento de bacterias Coliformes Totales

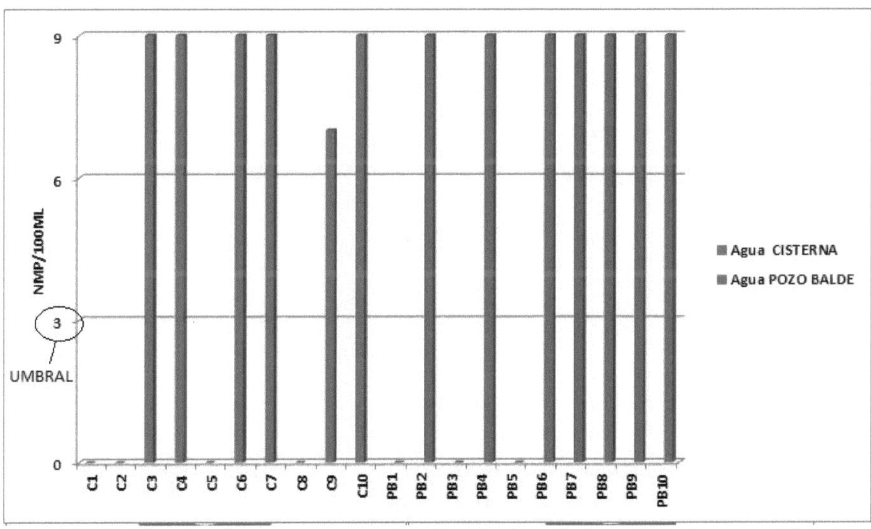

Figura N°12: Muestras de agua que exceden el umbral según lo establecido por el C.A.A. en la determinación del recuento de Bacterias Coliformes Totales en NMP/100 ml (no mayor a 3 NMP/100 ml)

4.3   Aislamiento e identificación de *Escherichia coli*

Se determinó la presencia de *Escherichia coli* a partir de las siembra de la muestra en caldo Mac Conkey y posterior identificación por medio de la prueba IMViC.

Se confirmó la presencia de *E. coli* en 3 muestras de agua, es decir el 15% (3/20) del total de las muestras (figura N° 13). Dos de las tres muestras positivas provienen de agua de pozo y 1 de agua de cisterna. El CAA establece en el capítulo XII, Artículo 982, que para que el agua sea considerada apta para consumo humano este microorganismo debe estar ausente en 100 ml de muestra. El desarrollo de *E. coli* en estas muestras estaría asociado a la presencia de materia orgánica (materia fecal y otras) en condiciones de pH y temperatura que facilitan su reproducción y sobrevivencia.

Resultados semejantes obtuvieron Maggiore M. y col. (2017) quienes analizaron la calidad de agua del área rural del partido de Trenque Lauquen, provincia de Buenos Aires. Para ello, extrajeron 19 muestras de agua de pozos de diferentes establecimientos rurales. Del total de muestras analizadas, el 15,8% presentó contaminación fecal.

Valores superiores a los encontrados en el presente estudio fueron informados por Badino O. y col. (2016) quienes investigaron la calidad físico-química y microbiológica del agua, como bebida de animales y consumo humano en 10 tambos del noroeste de la provincia de Santa Fe, Argentina, en los que se registró importante contaminación microbiológica, donde en el 20 % de los tambos se aisló *E. coli.*

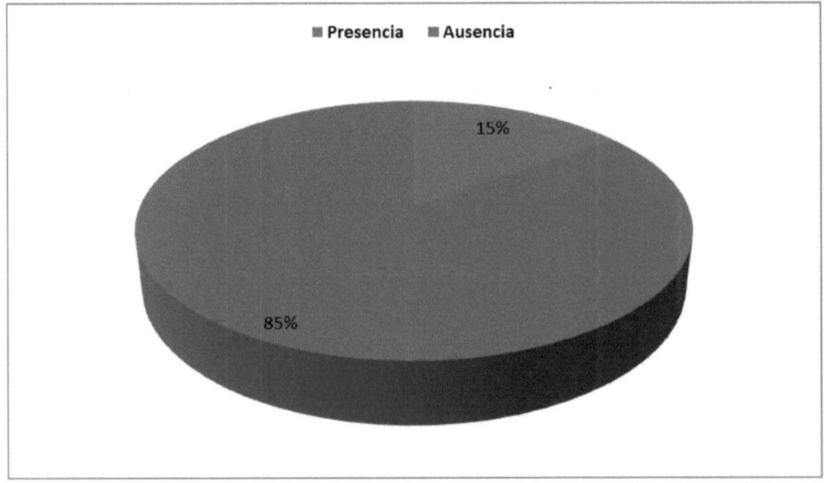

Figura N°13: Porcentaje de muestras con Presencia de *Escherichia coli.*

4.4 Aislamiento e identificación de *Pseudomonas aeruginosa*

El CAA establece en el capítulo XII, Artículo 982, que para que una muestra de agua sea considerada apta para consumo humano no debe presentar desarrollo de *P. aeruginosa* en 100 ml de muestra. Los resultados determinaron que del total de muestras estudiadas, el 10% (2/20) no cumple con las exigencias establecidas (figura N°14).

Se determinó la presencia de *P. aeruginosa* en una muestra de agua proveniente de pozo y la otra muestra recogida en cisterna. Esto contribuye a demostrar la amplia distribución de este microorganismo en distintos ambientes.

La detección de esta bacteria podría estar asociada a la formación de biofilms en pozos y cisterna. Además, como ya se mencionó anteriormente, las bacterias pertenecientes al género *Pseudomonas* pueden inhibir a los Coliformes, teniendo en cuenta esto, se observó en la tabla N°2 las muestras de agua C9 y PB3, quienes se les detectó la presencia de *Pseudomonas aeruginosa*, y se observó que para estas muestras no se obtuvieron resultados con alto recuento de Coliformes Totales.

Estos resultados difieren con lo reportado por Iramain M. y col. (2005). Los autores analizaron 111 muestras de agua procedentes de perforaciones y 92 de tanque de almacenamiento en la Cuenca del Abasto, Sur, Norte y Oeste de Buenos Aires. Se determinó la presencia de *P. aeruginosa* en el 27% de las perforaciones y en el 34% de los tanques de almacenamiento.

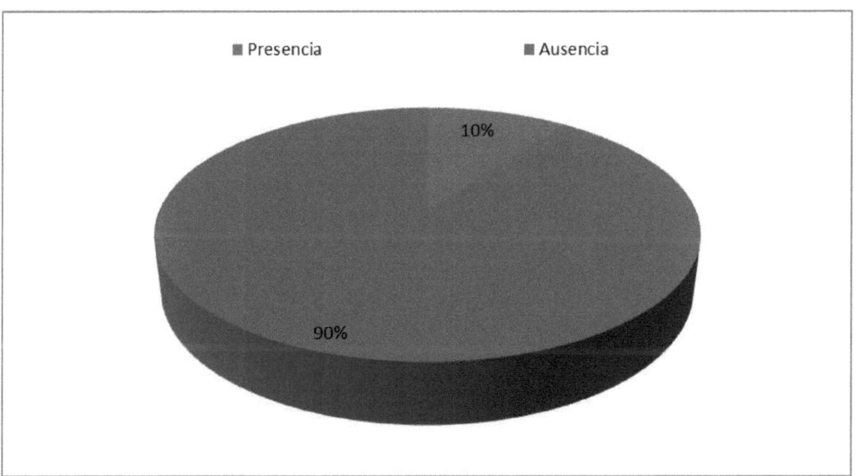

Figura N°14: Porcentaje de muestras con presencia de *Pseudomonas aeruginosa*.

4.5   Calidad microbiológica del agua

El 80% (16/20) de las muestras de agua analizadas no cumple con los parámetros exigidos por el CAA para agua potable (figura N°15, A)

Las 4 muestras aptas para consumo proceden de los parajes La Patria (1), Los Medanitos (1) y El Quemado (2). De este último Paraje se analizaron 6 muestras, 2 de ellas cumplieron con el CAA, mientras que 3 presentaron recuento elevado de Coliformes Totales, y 1 muestra presentó recuento elevado de bacterias mesófilas totales. Según los resultados obtenidos en este estudio se puede podría deducir que el agua del paraje El Quemado es bastante aceptable.

Cabe resaltar que las 4 muestras de los parajes que cumplen la normativa, pertenecen a muestras recolectadas de Cisterna. Del total de muestras de cisternas, el 40 % son aptas para consumo (figura N°15, D). Esto permite inferir que la cisterna es una mejor fuente de abastecimiento de agua que la proveniente de pozos balde. El agua obtenida de pozo procede de una profundidad aproximada de 20 metros, constituyendo la primera napa de agua. La escasa profundidad de los pozos, sumada a la permeabilidad de los suelos, la proximidad de las viviendas a pequeñas represas para la bebida de animales y, además, posibles deficiencias en la construcción y manejo de las perforaciones, pueden ser causa de la contaminación de esta fuente de abastecimiento de agua.

De las 20 muestras analizadas, dos fueron recolectadas de la localidad de Chancaní, y en ambas se aisló *Escherichia coli*.

Teniendo en cuenta la procedencia, de las 16 muestras no aptas para consumo humano y animal, 10 fueron recolectadas pozos balde y 6 de cisterna (figura N°15, B). Es decir que, del total de muestras recolectadas de pozo balde, el 100% no es apta para consumo humano (figura N°15, C).

La situación descrita en este estudio difiere con los resultados obtenidos por Maggiore M. y col. (2017) quienes verificaron la calidad higiénico-sanitaria del agua de pozo de consumo en la zona rural del partido de Trenque Lauquen, situado en el noroeste de la provincia de Buenos Aires. Los autores procesaron un total de 19 muestras de agua subterráneas, de las cuales un 63 % no fueron aptas para consumo humano.

Otro estudio realizado por Monteverde M. y col. (2013), señala resultados similares con 117 muestras de agua provenientes de 90 hogares del área de la cuenca Matanza-Riachuelo del Gran Buenos Aires. De las 27 muestras tomadas de agua provenientes de pozo, el 80% resultó no ser potable según los parámetros bacteriológicos analizados de Coliformes Fecales, Coliformes Totales y *Escherichia coli*.

Cabe mencionar que los datos presentados en este estudio corresponden a un solo determinado momento de muestreo y pueden no reflejar las variaciones en la calidad del agua, considerando la dinámica del agua.

Figura N°15: Aptitud del agua de consumo (A). Procedencia de las muestras no aptas (B). Aptitud de las muestras de Pozo Balde (C). Aptitud de las muestras de Cisterna (D). Según los requerimientos microbiológicos del CAA.

5 CONCLUSIONES

Los resultados obtenidos en el presente estudio permitieron efectuar las siguientes conclusiones:

El recuento de bacterias aerobias mesófilas totales determinó que el 40% de las muestras superaron el límite establecido por el Código Alimentario Argentino, detectándose mayor contaminación en el agua proveniente de pozo balde.

Con respecto al recuento de Coliformes Totales, se obtuvo un porcentaje elevado de muestras que excedieron el umbral establecido por el CAA (65%). Los altos niveles de este grupo bacteriano podrían indicar contaminación y malas condiciones higiénico-sanitarias de las reservas de agua, como así también contaminación del propio sistema acuífero, por infiltraciones de fuentes de contaminaciones cercanas.

Se determinó la presencia de *Escherichia coli* en 3 muestras, es decir, el 15% (3/20) del total de las muestras de agua analizadas.

Pseudomonas aeruginosa se detectó en el 10% (2/20) de las muestras analizadas. La presencia de este microorganismo en el agua de los sistemas de abastecimiento podría ser de difícil erradicación considerando la capacidad de formar biofilms.

Del análisis del conjunto de parámetros establecidos en el CAA, el 80% de las muestras de agua no son aptas para consumo. El 20% de las muestras que sí cumplen con la normativa pertenecen a muestras recolectadas de cisterna. Esto determina que podría ser un mejor sistema de abastecimiento para recolectar agua de lluvia.

6 RECOMENDACIONES

Este estudio contribuye a la difusión de la problemática que afecta al campesinado de la zona de Chancaní, y constituye una herramienta para aportar conocimientos y recomendaciones a los productores de la región, sobre la importancia de establecer acciones correctivas para obtener agua apta para consumo humano y animal.

Se sugieren las siguientes pautas para mejorar la inocuidad de la fuente de agua para consumo:

Hervir el agua 10 minutos. Si es necesario el almacenamiento del agua hervida en otro recipiente casero, es importante que éste sea desinfectado antes de transferir el agua.

Agregar 2 gotas de lavandina por litro de agua y dejar reposar 30 minutos antes de usar.

Se recomienda un almacenamiento del agua seguro, con tapa para evitar la contaminación.

Limpieza y desinfección de las cisternas una vez al año.

Además se sugiere que las lagunas usadas como bebedero para los animales, estén alejadas de los pozos balde, evitando así el infiltrado y contaminación de las napas de agua.

7 PROYECCIONES

Este trabajo representa un estudio preliminar sobre la calidad microbiológica del agua de Chancaní, en el cual se analizaron 20 muestras. Los análisis de laboratorio se restringieron a un bajo número de muestras, por restricción presupuestaria, adjudicado al elevado costo de los viajes a Chancaní, localidad que dista a 400 km de la ciudad de Río Cuarto. Por lo tanto, es necesario continuar con los estudios, aumentando el número de muestras a los fines de conocer en profundidad la problemática del agua de la zona de Traslasierra.

Nill Ana Paula

8 BIBLIOGRAFÍA

Agüero, R.; Maldonado, R.; Zalazar, D.; Galfioni, M.A.; González, J. (2013). El campesinado de Traslasierra de la provincia de Córdoba y sus vinculaciones socio-territoriales. VIII Jornadas Interdisciplinarias de Estudios Agrarios y Agroindustriales. FCE, UBA.

Agüero Pittman, R. (1997). Agua potable para poblaciones rurales. Sistema de abastecimiento por gravedad sin tratamiento. Asociación servicios educativos rurales. Cap 3, pag 27- 28.
https://www.academia.edu/24963792/AGUA_POTABLE_PARA_POBLACIOh_RU RALES_sistemas_de_abastecimiento_por_gravedad_sin_tratamiento

Aurazo, M. (2009). OPS/CEPIS/PUB/02.93. Aspectos biológicos de la calidad del agua.
http://elaguapotable.com/manual%20analisis%20basicos%20CA.pdf

Arango Zapata, R. (2008). El agua como elemento de interacción social. Revista Murciana de Antropología, N° 15, Págs. 467-479.
https://revistas.um.es/rmu/article/view/108831/103531

Arcos Pulido, M.P.; Ávila de Navia, S.L.; Estupiñán Torres, S.M.; Gómez Prieto, A.C. (2005). Indicadores microbiológicos de contaminación de las fuentes de agua. Nova-publicación científica Vol.3, N° 4 1-116.
https://www.researchgate.net/publication/316949337_Indicadores_microbiologicos_d e_contaminacion_de_las_fuentes_de_agua

Baccaro, K.; Degorgue, M.; Lucca, M.; Picone, L.; Zamuner, E.; Andreoli, Y. (2006). Calidad del agua para consumo humano y riego en muestras del cinturón hortícola de Mar Del Plata. Revista de Investigaciones Agropecuarias, vol. 35, N°3, pp. 95-110. Instituto Nacional de Tecnología Agropecuaria. Argentina. Disponible en:
http://www.redalyc.org/articulo.oa?id=86435307

Badino, O.; Thomas, J.A.; Schmidt, E.; Ramos, E.; Weidmann, R.; Jauregui, J. (2016). Resultados preliminares en tambos del noroeste de la Provincia de Santa Fe (Argentina): Calidad de agua y contaminación. Revista Científica Fave Sección de Ciencias Agrarias. Vol.15, N°2. Disponible en la World Wide Web en:
http://www.scielo.org.ar/scielo.php?script=sci_arttext&pid=S1666-77192016000200001

Barrantes, K.; Vekoh, P.; Achí, R. (2001). Brote de diarrea asociado a *Shigella sonnei* debido a contaminación hídrica, San José, Costa Rica. Revista Costarric. Cienc. Med. Vol.25, n.1-2 San José. Disponible en:
https://www.scielo.sa.cr/scielo.php?pid=S0253-29482004000100002&script=sci_arttext

Bettera, S.G.; Dieser, S.A.; Vissio, C.; Geuna, G.; Díaz, C.; Larriestra, A.J.; Odierno, L.M.; Frigeiro, C. (2011). Calidad microbiológica del agua utilizada en establecimientos lecheros de la zona de Villa María (Córdoba). Revista Argentina de Microbiología, vol. 43, N° 2, pp. 111-114. Asociación Argentina de Microbiología Buenos Aires, Argentina. Disponible en: http://www.redalyc.org/articulo.oa?id=213019228008

Carrillo, E.M.; Lozano, A.M. (2008). Validación del método de detección de coliformes totales y fecales en agua potable utilizando Agar Chromocult. (Trabajo de grado para optar por el título de Microbióloga Industrial). Facultad de Ciencias. Carrera Microbiología Industrial. Pontificia Universidad Javeriana. Bogotá. https://www.javeriana.edu.co/biblos/tesis/ciencias/tesis203.pdf

Chamorro, Noceda L.A. (2009). Síndrome Urémico-Hemolítico por *E. coli* Entero-Hemorrágica 0157:H7 Stx2: Primer Caso Descrito en Paraguay. Revista Pediatría (Asunción), Vol. 36, N° 2. File:///C:/Users/Usuario/Downloads/295-Texto%20del%20art%C3%ADculo-713-1-10-20180118.pdf.

Chávez, B.E; Martínez Gómez, L.E.; Cedillo Ramírez, .M.L; Gil, J.C.; Flores, A.F.; Castañeda Roldán, E.I. (2007). Identificación de cepas de *Escherichia* coli enterotoxigénicas en diferentes ambientes. Enfermedades infecciosas y Microbiología, 27 (3): 70-74. Disponible en https://www.medigraphic.com/cgi-bin/new/resumenI.cgi?IDARTICULO=26589

Código Alimentario Argentino. Capítulo XII. Artículo 982. http://www.anmat.gov.ar/alimentos/codigoa/Capitulo_IV.pdf Pag 3.

Córdoba, M.A.; Del Coco, V.F.; Basualdo, J.A. (2010). Agua y salud humana. Revista Química Viva, vol. 9, N° 3, pp. 105-119. Universidad de Buenos Aires, Argentina. Disponible en: https://www.redalyc.org/pdf/863/86315692002.pdf

Delgado García, S.M.; Trujillo González, J.M.; Torres Mora, M.A. (2017). Gestión del agua en comunidades rurales; caso de estudio cuenca del río Guayuriba, Meta-Colombia. Revista Luna Azul, 45, 59-70. Disponible en http://vip.ucaldas.edu.co/lunazul/index.php/english-version/91-coleccion-articulos-espanol/249-gestion-del-agua-en-comunidades-rurales

Enabulele, S.A.; Nduka, U. (2009). Enterohaemorrhagic *Escherichia coli* 0157:H7 Prevalence in meat and vegetables sold in Benin City, Nigeria. African Journal of Microbiology Research Vol. 3(5) pp. 276-279. Disponible en: http://www.academicjournals.org/ajmr

FAO. Food and agriculture organization of the United Nations. (2015). Construcción de lagunas, cisternas y pozos para el abastecimiento seguro de agua en épocas de sequía para el consumo animal. Instituto Dominicano de Investigaciones Agropecuarias y Forestales (IDIAF) Dominican Republic. ID and publishing year: 8349. http://www.fao.org/3/CA3139ES/ca3139es.pdf

Fernández Molina, M.C.; Álvarez Alcántara, A.; Espigares García, M. (2001). Transmisión fecohídrica y virus de la hepatitis A. Departamento de Medicina Preventiva y Salud

Pública. Facultad de Medicina. Revista electrónica Higiene y Sanidad Ambiental. 1: 8-18.

Gallo Salazar, S.N.; Jiménez Chamba, M. E. (2019). Plan de gestión y manejo sustentable del agua en el territorio de la comunidad de Paquiestancia. Tesis de grado. Universidad Politécnica Salesiana Sede Quito. Disponible en: http://dspace.ups.edu.ec/handle/123456789/17740

Gallego, L.J.; González, M.G.; Guillén, A.P.; Suárez, B.U; Salazar, J.H.; Hernández, T.; Naranjo, M.; Heredia, H. (2012). Presencia de Helmintos intestinales en agua de consumo, comunidad 18 de Mayo, Municipio Linares Alcantara, Estado Aragua, Venezuela. Revista de Facultad de Medicina, Universidad de Los Andes. Vol. 21, N° 2. Mérida. Venezuela.

García, L.; Lannacone, J. 2014. *Pseudomonas aeruginosa* un indicador complementario de la calidad de agua potable: Análisis bibliográfico a nivel de Sudamérica. The Biologist (Lima). Vol. 12, N°1.

Gil Antonio, M.A.; Reyes Hernández, H.; Márquez Mireles, L.E.; Cardona Benavides, A., (2014). Disponibilidad y uso eficiente de agua en zonas rurales. Revista Investigación y Ciencia de la Universidad Autónoma de Aguascalientes. México. Investigación y Ciencia, vol. 22, N° 63, pp. 67-73. Disponible en: http://www.redalyc.org/articulo.oa?id=67435407008

González Fraga, S.; Villagra de Trejo, A.; Pichel, A.M.; Figueroa, S.; Merletti, G.; Caffer, M.I; Castillo, C.; Binstein, N. (2009). Caracterización de aislamientos de *Vibrio cholerae* no-O1, no-O139 asociados a cuadros de diarrea. Revista Argentina de Microbiología v41: 11-19. N°1.Disponible: http://www.scielo.org.ar/scielo.php?script=sci_arttext&pid=S0325-75412009000100003

González González, M.I.; Chiroles Rubalcaba, S. (2010). Seguridad del agua en situaciones de emergencia y desastres. Peligros microbiológicos y su evaluación. Revista Cubana de Higiene y Epidemiología. 48 (1) 93-105. Disponible en http://scielo.sld.cu/scielo.php?script=sci_arttext&pid=S1561-30032010000100010

González González, M.I.; Chiroles Rubalcaba. S. (2011). Uso seguro y riesgos microbiológicos del agua residual para la agricultura. Revista Cubana Salud Pública. Vol. 37 n.1. Ciudad de la Habana. Disponible en http://scielo.sld.cu/scielo.php?script=sci_arttext&pid=S0864-34662011000100007

González González, M.I. (2013). Un futuro a favor de la protección del agua. Revista cubana de higiene y epidemiología. Vol. 51. N°2. Ciudad de Habana Disponible en: http://scielo.sld.cu/scielo.php?script=sci_arttext&pid=S1561-30032013000200001

Guillén, V.L.; Teck, H.D.; Kohlmann, B.; Yeomans, J. (2012). Microorganismos como bioindicadores de calidad de aguas. Revista Tierra Tropical 8 (1): 65-93. Disponible en:

https://www.researchgate.net/profile/Bert_Kohlmann/publication/279448839_MICR
OORGANISMOS_COMO_BIOINDICADORES_DE_CALIDAD_DE_AGUAS/link
s/5592ea1008ae1e9cb42982dc/MICROORGANISMOS-COMO-
BIOINDICADORES-DE-CALIDAD-DE-AGUAS.pdf

Halaby, N.; Ricaurte, K.; Rodríguez, J.; Estupiñán, S. (2017). Evaluación de la calidad
bacteriológica de las aguas naturales de algunos sitios de Colombia. Revisión de la
literatura. Rev. Biociencias. Vol. 1, N°1.
http://hemeroteca.unad.edu.co/index.php/Biociencias/article/viewFile/2216/2372

IANAS. Red Interamericana de Academias de Ciencias , UNESCO Office Montevideo and
Regional Bureau for Science in Latin America and the Caribbean. (2015). Agua
urbana, desafíos del agua urbana en las Américas. Perspectivas de las Academias de
Ciencias. Recopilación: 620 p. Libro P29 y p32. Disponible en:
https://unesdoc.unesco.org/ark:/48223/pf0000245202?posInSet=2&queryId=N-
EXPLORE-adf3f7fb-7bfe-4d04-af20-8ad9cfd8c601.

Ibarra, C.; Goldstein, J.; Silberstein, C.; Zotta, E.; Belardo, M.; Repetto, H.A. (2008).
Síndrome urémico hemolítico inducido por *Escherichia coli* enterohemorrágica.
Archivos Argentinos de Pediatría. 106 (5): 435-442
http://www.scielo.org.ar/scielo.php?script=sci_arttext&pid=S0325-
00752008000500011

INDEC. Instituto Nacional de Estadística y Censo. (2010) Censo Nacional de Población,
Hogares y Viviendas 2010. Disponible en:
https://www.indec.gob.ar/ftp/censos/2010/CuadrosDefinitivos/H2-D_14_77.pdf

Iramain, M.S.; Korol, S.; Herrero, M.A.; Fortunato, M.S.; Bearzi, C.; Chavez, J.; Maldonado
M.V. (2005). *Pseudomonas aeruginosa* en agua y leche cruda. Informe preliminar
InVet, vol. 7, núm. 1, pp. 133-137. Universidad de Buenos Aires. Buenos Aires,
Argentina. Disponible en: http://www.redalyc.org/articulo.oa?id=179114156015.

Jurado, J.R.; Arenas Muñoza, C.; Doblas Delgado, A.; Rivero, A.; Torre-Cisneros, J. (2010).
Fiebre tifoidea y otras infecciones por *Salmonella*. Unidad de Gestión Clínica de
Enfermedades Infecciosas. Hospital Universitario Reina Sofía. Córdoba. España.
Servicio de Medicina Interna. Hospital de Alta Resolución Valle del Guadiato.
Peñarroya-Pueblonuevo. Córdoba. España. Medicine.; 10(52):3497-501. Disponible
en:
http://uiip.facmed.unam.mx/deptos/microbiologia/pdf/Tifoidea_otras_salmonellas_M
edicine201o0.pdf

Karlin, M.S.; Castro, G.U.O. (2010). Social reproduction strategies in communities from dry
saline areas. Revista Zonas Áridas 14(1): 233-253.

Karlin, M.S.; Karlin U.; Coirini, R.O.; Reati, G.J.; Zapata, R.M., (2013). El Chaco Árido.
Proyecto PROTI del Ministerio de Ciencia y Tecnología de la Provincia de Córdoba y
de la Red Agroforestal Chaco. http://hdl.handle.net/11086/5802

Larrea, J.; Rojas, M.; Heydrich, M.; Romeu, B.; Rojas, N.; Lugo, D. (2009). Evaluación de la calidad microbiológica de las aguas del Complejo Turístico Las Terrazas, Pinar del Río (Cuba). Higiene y Sanidad Ambiental, 9: 492-504.

Larrea-Murrell, J.A.; Rojas-Badía, M.M; Romeu-Álvarez, B.; Rojas-Hernández, N.M.; Heydrich-Pérez, M. (2012). Bacterias indicadoras de contaminación fecal en la evaluación de la calidad de las aguas: revisión de la literatura. Revista CENIC. Ciencias Biológicas. Centro Nacional de Investigaciones Científicas Cuba. Vol. 44, núm. 3, pp. 24-34. Disponible en: http://www.redalyc.org/articulo.oa?id=181229302004.

Lisette Lapierre, A. (2013). Factores de Virulencia asociados a especies zoonóticas de *Campylobacter* spp. Avances en Ciencias Veterinarias V 28 N° 1. Disponible en: file:///C:/Users/Usuario/Downloads/27866-1-93885-1-10-20130902.pdf.

Lucas, J.L.; Vilca, M.L.; Medeiros, J.; Ramos, D.D. (2013). Presencia de *Campylobacter* spp en canales y ciegos de pollos de engorde en Lima, Perú. Revista de Investigaciones Veterinarias del Perú; 24(3): 346-352. Disponible en: https://doi.org/10.15381/rivep.v24i3.2583

Maggiore, M.A.; Rampi, M.G.; Leiva, S.; Picco, P.; Campis, M. (2017). Calidad microbiológica en aguas subterráneas para consumo humano y/o animal en la zona rural del partido de Trenque Lauquen (parte II). PROIMCA – PRODECA. Laboratorio de Análisis Industriales Unidad Académica. Mar del Plata. Universidad Tecnológica Nacional. Disponible en: http://www.edutecne.utn.edu.ar/prodeca-proimca/actas-prodeca-2017/DCA33_Calidad-Microbiologica-e.pdf

Martínez, G.J; Beccaglia, A.M.; Llinares, A. (2014). Problemática hídrico-sanitaria, percepción local y calidad de fuentes de agua en una comunidad toba (qom) del Impenetrable (Chaco, Argentina). Revista Salud colectiva versión. Vol.10 N°2. Lanús. Disponible en: http://revistas.unla.edu.ar/saludcolectiva/article/view/224.

Mayorga Rayo, N.M. (2014). Determinación de la calidad bacteriológica en los efluentes de la planta de tratamiento de aguas residuales de Chilpina-Arequipa y cultivos hortícolas. Tesis de grado. Universidad Nacional De San Agustín de Arequipa. Facultad de Ciencias Biológicas. Escuela profesional y académica de Biología. Disponible en: http://repositorio.unsa.edu.pe/bitstream/handle/UNSA/3199/BImaranm.pdf?sequence =1

Méndez Novelo, R.I.; Pacheco Ávila, J.G.; Castillo Borges, E.R.; Cabrera Sansores, A.; Vázquez Borges, E.D.R.; Cabañas Vargas, D.D. (2015). Calidad microbiológica de pozos de abastecimiento de agua potable en Yucatán, México. Revista Académica Ingeniería, vol. 19, núm. 1, pp. 51-61. Disponible en http://www.redalyc.org/articulo.oa?id=46750924005

Monteverde, M.; Cipponeri, M.; Angelaccio, C.; Gianuzzi, L. (2013). Origen y calidad del agua para consumo humano: salud de la población residente en el área de la cuenca

Matanza-Riachuelo del Gran Buenos Aires. Revista Salud Colectiva, Buenos Aires, 9(1)-53-63. Disponible en: https://www.scielosp.org/scielo.php?pid=S185182652013000100005&script=sci_artt ext

Ochoa, S.A.; López-Montiel, F.; Escalona, G.; Cruz-Córdova, A.; Dávila, L.B.; López-Martínez, B.; Jiménez-Tapia,Y.; Giono, S.; Eslava, R.; Hernández-Castro, C.; Xicohtencatl-Cortes, J. (2013). Características patogénicas de cepas de *Pseudomonas aeruginosa* resistentes a carbapenémicos, asociadas con la formación de biopelículas. Bol. Med. Hosp. Infant. Mex. 70(2):138-150

OMS. Organización Mundial de la Salud. (2017). Comunicado de prensa. 2100 millones de personas carecen de agua potable en el hogar y más del doble no disponen de saneamiento seguro. Ginebra. Disponible en: https://www.who.int/es/news room/detail/12-07-2017-2-1-billion-people-lack-safe-drinking-water-at-homemore-than-twice-as-many-lack-safe-sanitation

OMS. Organización Mundial de la Salud. (2018). Agua. Datos y cifras. Publicación de la OMS y el UNICEF. Disponible en: https://www.who.int/es/news-room/factsheets/detail/drinking-water

Pacheco Ávila, J.; Cabrera Sansores, A.; Pérez Ceballos, R. (2004). Diagnóstico de la calidad del agua subterránea en los sistemas municipales de abastecimiento en el Estado de Yucatán, México. Revista Académica Universidad Autónoma de Yucatán México. Ingeniería, vol. 8, núm. 2, pp. 165-179. Disponible en: https://www.redalyc.org/articulo.oa?id=46780214

Pérez-Cordón, G.; Rosales, M.J.; Valdez, R.A.; Vargas-Vásquez, F.; Córdova, O. (2008). Detección de parásitos intestinales en agua y alimentos de Trujillo, Perú. Rev. Perú. Med. exp. Salud publica v.25 n.1 http://www.scielo.org.pe/scielo.php?pid=S172646342008000100018 &script=sci_arttext

Pérez Ortiz, L.; Madrigal Lomba, R. (2010). El cólera en Cuba. Apunte histórico. Hospital Provincial Clínico Quirúrgico docente José R. López Tabrane. Matanzas. Revista Médica Electrónica v.32 supl.7. Disponible en http://scielo.sld.cu/scielo.php?script=sci_arttext&pid=S168418242010000700002

Pullés, R.M. (2013). Microorganismos indicadores de la calidad del agua potable en Cuba. Revista CENIC. Ciencias Biológicas, vol. 45, núm. 1, pp. 25-36. Disponible en: http://www.redalyc.org/articulo.oa?id=181230079005

Ramírez, L. (2013). El acceso al agua potable en el Chaco (Argentina) y los progresos hacia el objetivo del milenio. Una mirada a través de la elaboración de un índice de criticidad. Revista Geográfica Digital. IGUNNE. Facultad de Humanidades. UNNE. 10. N°20. Disponible en: http://hum.unne.edu.ar/revistas/geoweb/default.htm

Reilly, K.; Kippin, J..CEPIS/ OPS. (2000). Relación entre el contaje bacteriológico y otros parámetros de calidad de agua tratada en sistemas de distribución. Índice de hoja de divulgación técnica. HDT 8. Disponible en: http://www.bvsde.opsoms.org/eswww/proyecto/repidisc/publica/hdt/hdt008.html

Revelli, G.R.; Fito, G.B.; Biassoni, M.V.; Olivero, E.V.; Fiore, P.C.; Quintana, S.I.; Facta, A.C. (2009) "Análisis microbiológicos y residuos de plaguicidas en agua para consumo humano". Agua. Tecnología y Tratamiento – Saneamiento Ambiental. Año XXXIII N° 174 54-63. Sitio Argentino de producción animal. Disponible en: http://www.produccion-animal.com.ar/agua_bebida/115-Analisis_Microbiologicos_Residuos.pdf

Ríos-Tobón, S.; Agudelo-Cadavid, R.M.; Gutiérrez-Builes, L.A. (2017). Patógenos e indicadores microbiológicos de calidad del agua para consumo humano. Rev. Fac. Nac. Salud Pública; 35(2): 236-247. Disponible en: http://www.scielo.org.co/pdf/rfnsp/v35n2/0120-386X-rfnsp-35-02-00236.pdf

Rivero, M.A.; Padola, N.L.; Etcheverria A.I.; Parma, A.E. (2004). *Escherichia coli* Enterohemorrágica y Síndrome Urémico Hemolítico en Argentina. Rev. MEDICINA (Buenos Aires); 64- N°4, 2004: 352-356.

Rodríguez, A.G. (2002). Principales características y diagnóstico de los grupos patógenos de *Escherichia coli*. Salud Pública Mex.; Disponible en: https://www.scielosp.org/scielo.php?pid=S003636342002000500011&scrip=sci_artte xt&tlng=es

Rodriguez, S.T.M.; Tremblay, R.L.; Toledo-Hernández, C.; González-Nieves, J.E.; Hodon R.; Santo-Domingo, J.W.; Toranzos, G.A. (2012). Microbial quality of tropical inland water and effects of rainfall events running. Appl. Environ. Microbiol. 78 (15): 5160-9. Disponible en: https://www.ncbi.nlm.nih.gov/pubmed/22610428

Rojas-Higuera, N.; Sánchez-Garibello, A.; Matiz-Villamil, A.; Salcedo-Reyes, J.C.; Carrascal-Camacho, A.K.; Pedroza-Rodríguez, A.M. (2010). Evaluación de tres métodos para la inactivación de coliformes y *Escherichia coli* presentes en agua residual doméstica, empleada para riego. Revista Universitaria Scientiarum; vol. 15, núm. 2, pp. 139-149. Pontificia Universidad Javeriana Bogotá, Colombia. Disponible en: http://www.redalyc.org/articulo.oa?id=49913962005

Rojas, T.; Márquez, E.; Lugo, R.; Machado, M.; Vásquez, Y., Fernández, Y.; Gil, M. (2014). Bacilos gramnegativos no fermentadores en agua embotellada: susceptibilidad antimicrobiana y formación de biopelículas. Revista de la Sociedad Venezolana de Microbiología; 34:64-69.

Russell, D.A.; Perdek Walling, J. (2007). Waterborne pathogens in urban watersheds. IWA Publishing. Journal of Water and Health. Disponible en: https://pdfs.semanticscholar.org/af4d/2d976d9551939dbeb1029bd746d3206d66ad.pdf
.

Sánchez, C. (2013). Caracterización del territorio Noroeste de la provincia de Córdoba. Ediciones INTA Estación Experimental Agropecuaria Manfredi Córdoba, AR. 1a ed. 49 p. https://inta.gob.ar/sites/default/files/scripttmpinta_caracterizacion_territorionoroeste_crdoba.pdf.

Tarqui-Mamani, C.; Álvarez-Dongo, D.; Gómez-Guizado, G.; Valenzuela-Vargas, R.; Fernández-Tinco, I.; Espinoza-Oriundo, P. (2016). Calidad bacteriológica del agua para consumo en tres regiones del Perú. Rev. Salud Pública; 18 (6): 904-912.

Tello Martínez, J.L.; Tello Martínez, J.A. (2019) Influencia del uso del agua de pozo IRHS-42 del balneario Los Palos en la resistencia a la compresión del concreto utilizado en el distrito de la Yarada- Los Palos de la Provincia de Tacna. S E T I (Science Engineering Tecnology Innovation). Volumen 1, N°1.

Thompson, A.R.C. (2008). Giardiasis: Conceptos modernos sobre su control y tratamiento. Ann Nestlé [Spa]; 66: 23–29. https://doi.org/10.1159/000151270

Vargas, M.F. (2005). La contaminación ambiental como factor determinante de la salud. Revista Española Salud Pública. 79: 117-127 Disponible en: https://www.scielosp.org/pdf/resp/2005.v79n2/117-127/es

Villaseca, J.M.; Hernández, U.; Sainz-Espuñes, T.R.; Rosario, C.; Eslava, C. (2005). Enteroaggregative *Escherichia coli*, un patógeno emergente con diferentes propiedades de virulencia. Revista Latinoamericana de Microbiología; Vol. 47, N° 3-4, pp. 140 – 159. Disponible en https://www.medigraphic.com/cgibin/new/resumen.cgi?IDARTICULO=5182IDPUBLICACION=642

yes
I want morebooks!

Buy your books fast and straightforward online - at one of world's fastest growing online book stores! Environmentally sound due to Print-on-Demand technologies.

Buy your books online at
www.morebooks.shop

¡Compre sus libros rápido y directo en internet, en una de las librerías en línea con mayor crecimiento en el mundo! Producción que protege el medio ambiente a través de las tecnologías de impresión bajo demanda.

Compre sus libros online en
www.morebooks.shop

KS OmniScriptum Publishing
Brivibas gatve 197
LV-1039 Riga, Latvia
Telefax: +371 686 204 55

info@omniscriptum.com
www.omniscriptum.com

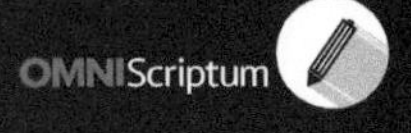

Printed by Books on Demand GmbH, Norderstedt / Germany